L'ORDRE

DE LA NATURE

L'ORDRE

DE LA NATURE

PAR

L.-J. HENDERSON

Professeur adjoint de chimie biologique
à l'Université Harvard.

TRADUIT DE L'ANGLAIS PAR E. RENOIR
Agrégé de l'Université.

LIBRAIRIE FÉLIX ALCAN
108, BOULEVARD SAINT-GERMAIN (VIe)

1924

PRÉFACE

L'étude de l'adaptation, dont Lamarck est le grand initiateur, n'a jusqu'ici ni trouvé un fondement scientifique solide, ni conduit à des interprétations de la nature claires et sans équivoque. Les faits que révèle cette étude sont à la fois universels et importants, et pourtant les biologistes ne sont pas d'accord sur la place qui leur revient dans la théorie de l'évolution et n'ont découvert aucun principe qui permette seulement de les unifier.

Cette impuissance de notre science moderne n'est pas difficile à comprendre. On peut à juste titre l'attribuer, en partie du moins, à l'absence d'une étude systématique de l'*adaptabilité*. Celle-ci est au fond un problème physique et chimique, où n'intervient pas l'énigme de la vie. En effet, il y a, sous tous les édifices et toutes les fonctions organiques, les molécules et leurs activités. Ce sont elles qui ont été modelées par le processus de l'évolution, ce sont elles aussi qui ont formé le milieu extérieur.

Je prie le lecteur de ne pas perdre de vue ce point, et de se rappeler constamment cette question très simple : « Quelles sont les origines physiques et chimiques de la diversité dans les choses inorganiques et organiques, et comment devra-t-on formuler l'adaptabilité de la matière et de l'énergie? » Alors il pourra voir clair au milieu de toutes les difficultés que la pensée philosophique et la pensée biologique ont accumulées autour d'un problème qui, en dernière analyse, relève uniquement de la science physique, et enfin il trouvera une réponse provisoire à la question.

TABLE DES MATIÈRES

L'ORDRE DE LA NATURE

INTRODUCTION

De nombreux traits distinctifs de la nature inorganique, comme la stabilité du système solaire et les mouvements permanents des eaux de la terre, sont la condition même de l'existence pour la vie telle que nous la connaissons, et la source de la diversité qui règne dans l'évolution organique. Cette interprétation de la nature est peut-être l'une des plus anciennes. Mais, depuis l'époque de Darwin, la conformité du milieu à la vie n'a donné lieu qu'à des remarques occasionnelles, sans jamais entrer dans le grand courant de la pensée scientifique. Et pourtant, quel que soit le jugement définitf de la science de la nature sur les harmonies organiques ou inorganiques, la conformité biologique est manifestement une relation réciproque. En effet, de quelque manière que l'ordre présent soit sorti de la confusion passée, l'organisme est conforme au milieu et le milieu à l'organisme.

J'ai tenté dans un livre récent (1) d'attirer l'atten-

(1) *The Fitness of the E vironment.* New-York, The Macmillan Co, 1913.

tion sur les nombreuses particularités intéressantes du milieu extérieur, et d'exposer les faits concernant la conformité du monde inorganique à la vie. Celle-ci s'est révélée plus marquée et plus étendue que les biologistes ne l'avaient supposé, et plus importante pour la détermination des caractères universels des organismes vivants. La nature même du processus cosmique et des phénomènes physiques et chimiques de la matière et de l'énergie produit, non seulement la stabilité du système solaire, mais aussi une grande stabilité de la terre et de la mer. Ainsi la température de la terre est plus constante qu'elle ne pourrait l'être s la composition de l surface de la terre était différente de ce qu'elle est. Ainsi l'alcalinité de l'océan es d'une constance à peu près parfaite, et ce fait tient à certaines propriétés spécifiques de l'acide carbonique. Ainsi les courants de l'atmosphère et de l'océan, la chute de la pluie et l'écoulement des rivières sont d'une régularité presque idéale, et cela seulement parce que l'eau diffère de toute autre substance.

En second lieu, les propriétés de l'eau entraînent la mobilisation de la plupart des éléments chimiques, en très grandes quantités, sur toute la surface de la terre, et aucune autre substance ne pourrait produire aussi efficacement ce résultat. Une fois mobilisés, ces éléments pénètrent partout, entraînés par l'eau, et les qualités de pénétration de l'eau sont incomparables. C'est ainsi que la terre tout entière est devenue habitable.

Plus important encore apparaît ce que le chimiste appelle les propriétés des trois éléments, hydrogène, oxygène et carbone, dont sont formés l'eau et l'acide carbonique. Ce sont les plus actifs de tous les éléments (si nous tenons compte à la fois de l'intensité et de la diversité de l'activité), leurs composés sont les plus nombreux, les édifices moléculaires qu'ils forment sont incomparablement les plus complexes et les plus parfaits que l'on connaisse. En outre, l'énergie qu'ils dégagent dans leurs transformations chimiques réciproques est plus grande que celle que peuvent fournir les autres éléments ; cependant, en raison de leurs multiples réactions, elle est plus facile à régler, à emmagasiner et à libérer.

En résumé les constituants fondamentaux du milieu extérieur, eau et acide carbonique, les substances mêmes qui sont placées à la surface d'une planète par les forces aveugles de l'évolution cosmique, contribuent avec une efficacité maxima à rendre stable, durable et complexe, à la fois l'être vivant lui-même et le monde qui l'entoure. Avec une efficacité irréalisable autrement, ils fournissent à la fois la matière et l'énergie, sous des formes nombreuses et en grande abondance, pour le développement et la restauration des organismes, et par l'ensemble des caractéristiques auxquelles tiennent' ces résultats, ils sont incomparables. Rien d'autre ne pourrait les remplacer à cet égard, car leur utilité tient à la *coïncidence* de nombreuses propriétés spéciales et sans égales qu'ils sont seuls à posséder. Il est certain en conséquence que, grâce à ses caractéristiques abstraites, physiques et chimiques, le milieu extérieur existant est le séjour le plus conforme à la vie telle que nous la connaissons, par le fait des éléments du système périodique. La conformité du milieu à l'organisme est vraiment un facteur tout aussi constant d'un cas donné de conformité biologique que celle de l'organisme au milieu, et elle est tout aussi constamment manifeste dans toutes les propriétés de l'eau et de l'acide carbonique que dans tous les caractères des êtres vivants.

Une pareille conclusion, toutefois, ne touche que la surface du problème. En effet, cette relation, pour réciproque qu'elle soit, n'est pas symétrique : elle est quelque chose de plus qu'une adaptation, car elle comporte une grande adaptabilité. Dans tous les cas, les caractères particuliers de l'organisme sont conformes à un milieu spécial, tandis que les propriétés physiques et chimiques générales de l'eau et de l'acide carbonique sont conformes aux caractères généraux de la vie. Mais on peut montrer que la stabilité, la mobilité, la durabilité, la complexité et la disponibilité de la matière et de l'énergie ne sont pas seulement favorables à la vie telle que nous la connaissons ; elles sont favorables à n'importe quel mécanisme, à toute espèce de vie possible dans cet univers. Ce n'est pas, en effet, par hasard que la vie, pour se développer, a besoin de stabilité, a besoin de nourriture, a besoin de complexité. En conséquence ce n'est pas à une forme spéciale ou singulière de la vie, que ce soit celle que nous connaissons ou une autre, que ce milieu est le mieux adapté.

C'est justement parce que la vie existe nécessairement dans l'univers, parce que l'être vivant est nécessairement fait de matière placée dans l'espace et mû par l'énergie dans le temps, qu'elle est conditionnée. Pour autant que notre monde est un monde physique et chimique, la vie se manifeste nécessairement par des systèmes physico-chimiques plus ou moins compliqués et plus ou moins durables.

Il est par suite possible d'affirmer, et l'on démontrera plus loin, que les constituants fondamentaux du milieu extérieur sont les plus conformes aux caractères généraux de l'organisme, qui sont imposés à celui-ci par les caractères généraux du monde lui-même, par la nature même de la matière et de l'énergie, de l'espace et du temps. Je suis sûr que cette conclusion n'est que l'énoncé précis d'une conception depuis longtemps présente, sous une forme vague, à l'esprit de nombreux chimistes.

Les faits sur lesquels s'appuie cette conclusion prouvent, je crois, qu'il existe dans les propriétés de la matière un ordre, jusqu'ici méconnu. En effet, on a constaté que les particularités qui font les choses ce qu'elles sont ne sont pas réparties également parmi les composés de tous les éléments, ni distribuées d'une manière que les lois du hasard puissent expliquer, ni absolument de la manière que ferait prévoir le système périodique des éléments. Si.l'on observe les valeurs extrêmes et les propriétés exceptionnelles, on voit que beaucoup de celles-ci appartiennent aux trois éléments : hydrogène, oxygène et carbone, et sont disposées de manière à produire la stabilité des conditions physiques et chimiques, la diversité des phénomènes, et, en outre, la possibilité, sur la surface d'une planète, des plus grandes complexité, durabilité et activité des systèmes physico-chimiques.

Cet ordre se trouve masqué lorsqu'on considère statiquement les propriétés de la matière. Il se révèle seulement lorsqu'on fait entrer le temps en ligne de compte, car c'est lui l'ordre qui détermine, en ses étapes dernières, le cours de l'évolution cosmique. On ne sait à présent le décrire que d'une manière imparfaite, mais il existe des raisons d'espérer qu'une description plus claire est réalisable, et si l'explication de l'ordre semble échapper à notre esprit, l'affirmation en sera peut-être utile, en aidant à définir un peu plus clairement l'une des énigmes de l'existence.

En partant des résultats de cette première enquête,

je me suis efforcé dans les pages suivantes d'examiner d'une manière plus rigoureuse l'importance des trois éléments pour le processus de l'évolution cosmique, et, en éliminant toutes les théories et tous les principes biologiques, d'établir mes conclusions exclusivement sur le fondement solide de la science physique abstraite. Tel est le but principal du présent essai.

Mais il a aussi paru désirable au moins de soulever une autre question. En effet, on ne peut éluder le fait que ces considérations ont un aspect philosophique aussi bien qu'un aspect scientifique. Après beaucoup d'hésitation, je me suis donc risqué à esquisser l'évolution de la pensée, quant au problème de la téléologie (1), et en dernier lieu de confronter les conclusions scientifiques avec les résultats de la pensée philosophique, afin d'en essayer la conciliation.

Je crains que cette tâche ait été accomplie d'une main débile. Je ne l'ai pas entreprise avec assurance mais dans la croyance sincère que lorsque de telles questions sont en jeu, les hommes de science ne doivent plus reculer devant la responsabilité de penser en philosophes. C'est seulement ainsi qu'ils peuvent espérer éviter de nombreuses erreurs, comme celles qui, dans la controverse des vitalistes et des mécanistes, affaiblissent les deux partis et retardent incontestablement les progrès de la science. Mais on court un danger à mêler ainsi la philosophie et la science. Je demanderai donc au lecteur de se rappeler toujours, après qu'il aura tourné cette page, qu'après tout, les conclusions scien-

---

(1) Ce terme a, dans la pensée de M. Henderson, le sens d'*agencement du milieu cosmique*, et, partant, une portée exclusivement positive. Il n'implique aucunement le finalisme métaphysique. Partout où le contexte le permettra, le mot *agencement* lui sera substitué. — *N. du Trad.*

tifiques sont indépendantes du problème philosophique de la téléologie (1). Et (je désire le dire aussi clairement que possible) le présent essai ne prétend rien démontrer que l'existence d'un ordre, trop méconnu, dans les propriétés de la matière, et ne vise qu'à examiner, sans plus, le caractère téléologique de cet ordre.

(1) Cf. p. 6, n. 1.

CHAPITRE I

ARISTOTE

L'aspect téléologique de la nature et des formes de la vie est un fait universel de l'expérience humaine. Aussi a-t-il été tout à fait impossible à la science ou à la philosophie de la nature de procéder constamment comme si le problème téléologique n'existait pas. Il n'est pas plus satisfaisant d'éliminer l'ordre de la nature que d'éliminer la matière elle-même. Nous avons beau contester ces idées avec toute l'ingéniosité possible, les constatations de la vie quotidienne contredisent régulièrement, et ruinent peu à peu la force de la contestation. Ainsi les hommes se voient toujours contraints de chercher la cause et la valeur de l'aspect téléologique des choses. On trouve dans tout système de pensée des efforts en vue de résoudre ces questions; elles tiennent une grande place dans les plus anciens de tous les systèmes.

L'attitude philosophique singulière d'Aristote, qui lui permit d'unifier sa doctrine de la philosophie de la nature, ne peut se comprendre que comme le résultat de beaucoup de circonstances diverses. Pour-

tant on a l'impression que les éléments téléologiques
de sa pensée ne furent pas de simples accidents tenant
au temps et au lieu. Le fait qu'Aristote dérive historiquement de Socrate et de Platon, et, d'autre part,
des physiciens grecs, doit être regardé comme un facteur
déterminant de sa pensée. Les influences lointaines ne
sont pas moins importantes, car son œuvre prolonge sans
solution de continuité l'évolution de la science et
de la spéculation primitives. En somme, il faut tenir
également compte, en tant que sources de son système, de l'expérience personnelle du Stagirite, et de
l'ambiance historique de sa pensée. Nous avons lieu
de penser que cette ambiance a exercé une action
souvent tout à fait décisive sur l'ensemble systématiquement achevé de ses conceptions. Mais plus qu'à
toutes autres causes, c'est à son tempérament, à
ses tendances natives de naturaliste philosophe, que
semble dû le caractère général de ses conceptions
téléologiques élémentaires. Son système n'est intelligible que comme produit historique. Mais sur ce
point particulier ses opinions ne sont qu'à lui.

Il n'est pas besoin de lire longtemps les ouvrages
d'Aristote pour que son attitude générale envers les
causes finales se révèle comme l'essence même de
son tempérament intellectuel propre, comme l'image du
monde de la vie et de la pensée telle que la recevaient
nécessairement ses yeux. C'est ainsi et pas autrement qu'Aristote était destiné à voir la nature, s'il
devait jamais la voir clairement, dans sa totalité.

Néanmoins, c'est par un accident historique que
l'examen systématique des concepts téléologiques
fut d'abord entrepris par Aristote et poursuivi au
milieu de circonstances et de difficultés singulières. Le
problème se présenta à lui, cela n'est point douteux,

du fait qu'il s'intéressait également à la philosophie des formes et à l'histoire naturelle. En outre, ces préoccupations divergentes s'opposèrent finalement à ce qu'il trouvât une solution véritable des difficultés. Mais c'est le hasard de l'époque où il vécut qui le contraignit de s'attacher aux idées de Démocrite et de Platon. Pour la même raison, il lui manqua une conception claire de la causalité mécanique, ou même « efficiente », unique fondement essentiel d'une théorie claire des causes finales. C'est aussi cette lacune qui le conduisit à sa conception personnelle du développement, fondée sur les concepts métaphysiques de matière et de forme. De là vient que ses considérations les plus travaillées sur ce point sont les moins satisfaisantes.

Dans cette conception du développement, qui occupe le centre de la *Métaphysique,* on cherche en vain, je crois, les conclusions téléologiques élémentaires qui sont si importantes dans la pensée d'Aristote. Elles ont disparu grâce à un subtil processus de synthèse. En réalité, contrairement à l'opinion de Gomperz (1), l'idée moderne d'évolution, donc au moins une question de science objective, n'est pas entièrement étrangère à cette analyse du développement. L'étude de la *Politique* établit clairement ce point. Mais, ni dans ce concept de développement, qui s'applique essentiellement aux aspects logiques de l'idée de formation, ni dans aucune de ses spéculations analogues, l'énigme

---

(1) *Greek Thinkers,* t. IV, p. 154. Londres, 1912 : *Les Penseurs de la Grèce,* trad. AUG. REYMOND, t. III, p. 170 : « On a identifié la hiérarchie aristotélicienne [de l'ensemble des êtres vivants] avec une suite d'étapes dans le temps, et prêté au Stagirite de divers côtés la théorie du développement et de la descendance, qui lui est complètement étrangère. »

de l'agencement de la nature ne se révèle sous une forme simple et claire. Elle ne saurait être conçue que par l'investigation scientifique de la nature elle-même. Une trouvaille aussi admirable que la comparaison établie par Aristote entre la formation naturelle et l'œuvre de l'artiste, comparaison qui révèle à la fois les analogies et les différences, et rend évident le curieux manque d'importance du dessein conscient, ne fait elle-même qu'embrouiller les vraies questions.

Dans les œuvres biologiques, cependant, les problèmes téléologiques apparaissent sous leurs formes les plus simples. Même ici, il y a assez de difficultés et de contradictions, et trop d'erreurs malencontreuses qui pesèrent sur le développement ultérieur de la science. Mais ses idées s'imposent; elles surgissent telles qu'elles doivent se retrouver dans toutes les générations à venir ; elles sont la source d'un des grands courants de la pensée humaine. Quelques bévues qu'Aristote ait commises, il a évité ici des illusions au danger desquelles ses successeurs n'ont pas su échapper, même de notre temps. La raison de ce succès est qu'il adopte pour point de départ les idées qui tôt ou tard doivent s'imposer à tout véritable naturaliste. Avec quelque diversité qu'on les puisse interpréter, ses idées demeureront à jamais. Elles sont la base de toutes les spéculations ultérieures.

Aristote n'était pas armé des méthodes philosophiques et scientifiques qu'on a reconnues comme indispensables pour l'examen vraiment critique de ce problème élémentaire lui-même, et qui sont absolument nécessaires pour formuler les concepts ultimes. Mais ses efforts, de quelques infériorités qu'ils souffrissent du point de vue de la méthode, furent poussés systématiquement et avec une grande subtilité dialectique.

Ils s'étendirent sur tout l'ample champ de ses connaissances scientifiques, ils s'attachèrent spécialement à toute sa science préférée, la zoologie, aussi leur résultat ne fut-il pas la moins importante de ses contributions à l'intelligence de la nature.

L'étude aristotélicienne de la causalité naît de cette considération : nous sommes obligés d'assigner à la nature plusieurs espèces différentes de causalité, dont deux sont particulièrement importantes pour la philosophie de la science. Il dit lui-même : « Il y a bien des causes diverses pour tout ce qui se produit dans la nature entière, et par exemple, la cause du pourquoi, la cause initiale du mouvement, etc., faut-il s'occuper aussi de ces causes, et examiner quelle est la première d'entre elles, quelle est la seconde, etc. ? On peut croire que la première de toutes les causes est celle que nous nommons la cause du pourquoi, la cause finale ; car elle est la raison dernière des choses ; et la raison est un principe. Sous ce rapport, il en est tout à fait de même des productions de l'art et de celles de la nature (1) ». Il convient d'observer que l'emploi de deux espèces de causalité seulement, dans l'explication de la nature, au lieu des quatre que l'on trouve dans ses œuvres spécialement philosophiques, caractérise Aristote, en tant que naturaliste.

Il ne faut pas juger de la relation entre les deux formes de la causalité d'après la priorité de la raison toute seule, car « la notion de cause a deux nuances diverses ; et quand on parle de cause, on doit tenir le plus grand compte de toutes les deux. Si l'on ne prend pas ce soin, il faut au moins essayer de les

____

(1) *De Partibus animalium*, I, 1 ; 639ᵇ, 10-15. Trad. J. BARTHÉLEMY-SAINT-HILAIRE, *Des parties...*, t. I, pp. 7 et 8. Paris, 1885.

mettre en évidence ; et tous ceux qui n'éclaircissent pas ce point ne nous apprennent rien, pour ainsi dire, sur la nature des choses (1) ». Démocrite, cependant, néglige la cause finale, et réduit à la nécessité toutes les opérations de la nature ; mais bien que celles-ci soient nécessaires, elles se soumettent à une cause finale et à ce qui vaut le mieux dans chaque cas.

Il est également possible ainsi, suivant Aristote, de comprendre l'échec d'Empédocle, qui croyait suffisant de limiter ses réflexions à la causalité mécanique. D'autre part, à l'époque de Socrate, les hommes renoncèrent à poursuivre l'investigation des œuvres de la nature, en sorte que la causalité mécanique ne reçut pas l'attention qu'elle méritait. La véritable méthode à employer est mise en lumière par Aristote dans les termes suivants : « En supposant, par exemple, qu'il s'agisse de la fonction de la respiration, il faut démontrer que, la respiration ayant lieu en vue de telle fin, cette fonction a besoin, pour s'exercer, de telles conditions, qui sont indispensablement nécessaires (2). »

L'étude de la physiologie, faite de ce point de vue, a chance de conduire à une théorie vitaliste, mais elle ne contient apparemment pas la philosophie générale de la nature. Pour Aristote, cependant, les mêmes considérations s'appliquent à la totalité de la nature. « Il n'y a jamais de hasard dans les œuvres qu'elle nous présente. Toujours ces œuvres ont en vue une certaine fin ; et il n'y a rien au monde où le caractère de cause finale éclate plus éminemment qu'en elles. Or

____

(1) *De Partibus animalium*, I, I, 642ᵃ, 15. Barthélemy-Saint-Hilaire, *op. cit.*, t. I,pp. 30-31.

(2) *Ibid.*, I, 1, 642ᵃ, 30. Barthélemy-Saint-Hilaire, *op. cit.*, t. I, p. 32.

la fin en vue de laquelle une chose subsiste ou se produit, est précisément ce qui constitue pour cette chose sa beauté et sa perfection (1). »

L'agencement se manifeste donc comme un principe universel. Dans la science de la vie, cependant, surgit une considération plus subtile, et celle-ci conduit Aristote au concept d'organisation. « Comme tout organe a un certain but, et que chacune des parties du corps a son but également, lequel but est une fonction d'un certain genre, il en résulte évidemment que le corps tout entier a été constitué en vue d'une certaine fonction qui comprend toutes les autres (2). »

« Il faut considérer l'animal dans sa constitution comme une cité régie par de bonnes lois. Dans la cité, une fois que l'ordre a été établi, il n'est plus du tout besoin que le monarque assiste spécialement à tout ce qui se fait ; mais chaque citoyen remplit la fonction particulière qui lui a été assignée ; et telle chose s'accomplit après telle autre selon ce qui a été réglé. Dans les animaux aussi, c'est la nature qui maintient un ordre tout à fait pareil ; et il subsiste parce que toutes les parties des êtres ainsi organisés peuvent naturellement accomplir leur fonction spéciale. Il n'y a pas besoin que l'âme soit dans chacune d'elles ; mais il suffit qu'elle soit dans quelque principe du corps ; les autres parties vivent parce qu'elles lui sont jointes, et qu'elles remplissent par leur seule nature la fonction qui leur est propre (3). »

L'idée d'organisation mène immédiatement à une

---

(1) *De Partibus animalium*, I, 5, 645ᵃ. 20. BARTHÉLEMY-SAINT-HI-LAIRE, *op. cit.*, t. I, p. 61.

(2) *Ibid.*, 645ᵇ, 10-15. BARTHÉLEMY-SAINT-HILAIRE, *op. cit.*, t. I, p. 63.

(3) *De Motu animalium*, 703ᵃ, 30-35. BARTHÉLEMY-SAINT-HILAIRE, *Psychologie d'Aristote, Opuscules*, p. 274. Paris, 1847.

science de la physiologie basée exclusivement sur le concept de fonction. Mais une réserve surgit de nouveau : nous ne posséderons pas en elle la science complète, car elle ne s'occupe que des causes finales, par suite « que si l'on cherche à savoir encore comment il est nécessaire que les choses soient ce qu'elles sont, on voit évidemment qu'elles étaient nécessairement dès le début dans ces rapports réciproques (1) ».

Ainsi Aristote arrive, sans doute moins clairement que nous ne sommes peut-être portés à le penser, à la conception du mécanisme et de l'agencement comme aspects complémentaires de la nature, toujours associés dans ses manifestations. Il est par suite conduit à une nouvelle question : « Expliquons maintenant comment la nature, qui est raisonnable, s'est nécessairement servie, en vue d'une cause finale, des résultats fournis par la nature matérielle (2). »

C'est là sans doute une recherche importante, dont l'objet n'est autre que le problème qui, une fois résolu, devra mettre l'agencement à sa place convenable, ou bien l'éliminer complètement. Mais cette enquête éloigne, chose assez naturelle, Aristote de ses principes généraux, en le rendant attentif à la complexité infinie des phénomènes ; il perd sa claire vision des principes et tombe dans des traquenards. En effet, la dystéléologie n'est guère moins évidente dans la nature que la téléologie, et la recherche d'une cause finale pour toute chose est une tâche désespérée. Ainsi dérouté, il conclut que : « ...ce n'est pas à dire

____

(1) *De Partibus animalium*, II, 1, 646ᵇ, 25-30. Barthélemy Saint-Hilaire, *op. cit.*, t. I, p. 74.

(2) *Ibid.*, III, 2, 663ᵇ, 20. Barthélemy-Saint-Hilaire, *op. cit.*, t. II, p. 19. (Cette traduction s'éloigne tellement du texte, que j'ai cru devoir la modifier. — *N. du Trad.*)

qu'il faille chercher toujours à découvrir dans quel but la chose est faite, et il faut se borner à constater que, telles conditions étant données, il y a beaucoup d'autres phénomènes qui, de toute nécessité, suivent ces premières conditions (1) ».

Il ose même préciser la formule de cette idée : « Quand les choses ne sont pas communes à tous les animaux d'une certaine nature, ou qu'elles ne sont pas particulières à chaque espèce d'animal, c'est qu'alors ce n'est pas en vue de quelque fin qu'elles existent telles qu'elles sont, ou qu'elles se produisent. L'œil a une fin très précise ; mais qu'il soit bleu, ce n'est pas en vue d'une fin quelconque, à moins que cette affection ne s'étende à toute espèce (2). » De pareilles idées nuisent à la cohérence logique des conceptions d'Aristote, mais elles ne font rien perdre à sa science. Il n'en est pas de même de l'incohérence complémentaire. L'explication des phénomènes naturels par les causes finales seules est à la fois incompatible avec ses principes et destructive de toute science véritable. Pourtant, elle n'est que trop courante dans ses traités scientifiques. Nous ne sommes pas obligés de nous laisser arrêter par la difficulté de comprendre les embarras d'Aristote sur ce point, car ils tiennent à ce qu'il ignore la véritable manière dont les processus mécaniques doivent être conçus. Ainsi les phénomènes célestes, par exemple, étaient scientifiquement une énigme absolue pour lui, et les explications téléologiques étaient son seul moyen d'éviter de perdre complètement la tête.

---

(1) *De Partibus animalium*, IV, 2, 677ᵃ, 15. BARTHÉLEMY-SAINT-HILAIRE, *op. cit.*, t. II, p. 124.

(2) *De Generatione animalium*, V, 1, 778ᵃ, 30. BARTHÉLEMY-SAINT-HILAIRE, *De la Génération des Animaux*, t. II, p. 343. Paris, 1887.

Il est curieux que moins d'un siècle après lui, Archimède et d'autres aient pu éviter ces difficultés,
et étudier dans un esprit tout moderne les problèmes
de la mécanique. Mais pour Aristote ce terrain de recherche était un domaine interdit ; l'emploi des causes
finales comme principe suffisant d'explication de la
nature devint par suite courant dans ses travaux,
et constitue le défaut mortel de sa physique.

Il est inutile de poursuivre l'analyse des erreurs
d'Aristote comme physicien. En certains domaines,
elles sont trop connues et trop apparentes pour avoir
besoin d'un commentaire, mais c'est à ses successeurs
qu'incombe la responsabilité de leur perpétuation.
Il ne faudra jamais oublier que ses grands mérites
de zoologiste contre-balancent, et au delà, ses erreurs.
Nous n'avons pas lieu d'étudier plus longuement ses
remarques sur l'agencement. Il serait facile de citer
quantité d'autres exemples, mais ils ajouteraient peu
de chose aux considérations essentielles.

Par suite, si l'analyse précédente n'est pas en défaut, les fondements de la téléologie d'Aristote peuvent être énoncés comme suit : dans l'étude de l'organisme vivant, il faut chercher à la fois la cause
mécanique, et la raison de tout. C'est là une règle
absolue, encore qu'il existe des motifs de croire que
tantôt une de ces explications, tantôt l'autre, ne peut
être découverte.

La nature dans son ensemble est également soumise à ces deux formes de causalité. Mais dans ce cas,
les difficultés se multiplient pour le chercheur. D'une
part la matière est un facteur réfractaire ; elle ne se
prête pas avec une docilité parfaite à l'accomplisse-
ment des fins de la nature. Pour cette raison, il peut
parfois se manifester des résultats dus à la nécessité,

et nullement, à proprement parler, aux causes finales. D'autre part, plus notre expérience et notre connaissance de la nature sont vastes, et plus nous perdons souvent la trace de l'enchaînement de la causalité nécessaire et ne découvrons que les causes finales.

Il est raisonnable de faire un pas de plus dans l'élimination de ce qu'il y a de non essentiel dans les conceptions d'Aristote. Nous touchons alors le cœur de sa doctrine : l'agencement et le mécanisme existent dans tous les phénomènes, car ce sont des aspects complémentaires de toutes choses et de tous changements. Tous les correctifs qu'Aristote ajoute à cette conception sont évidemment dus aux difficultés qu'il rencontre dans ses travaux de naturaliste ou de physicien. En conséquence, la tâche du chercheur est de « considérer le caractère de la nature matérielle dont les résultats nécessaires ont été mis par la nature rationnelle à la disposition d'une cause finale ». Jamais formule plus grosse de sens n'a été énoncée.

Il reste à noter une seule idée particulière : la conception de l'être vivant comme unité autonome dont toutes les parties sont en relation fonctionnelle entre elles et existent en tant que servantes du tout. Aucune fin, aucun dessein extérieur ne guide cet être. Ici, comme dans l'État, le principe téléologique est intérieur. Chaque activité est soumise au pouvoir régulateur de l'âme. Mais, dans les traités de biologie, l'âme n'est rien de plus qu'un terme désignant le principe de l'autonomie. Kant et les physiologistes modernes ont étendu cette conception sans l'améliorer. Elle est l'énoncé complet du principe biologique de l'organisation.

CHAPITRE   II

LE XVIIe SIÈCLE

Pendant les deux mille ans qui suivent, l'histoire
de la téléologie révèle, plus que toute autre, la sta-
gnation et la décadence de la pensée. Bien que
les grands travaux accomplis par Archimède et les
Alexandrins eussent presque tout de suite montré
combien les préoccupations téléologiques sont inu-
tiles au développement de la physique, la leçon ne
fut pas écoutée, et avec le temps le système d'Aristote
finit par régner dans tous les domaines de la pensée.
Les disciples d'Aristote, arabes aussi bien que
chrétiens, ne furent capables, sur la plupart des points,
que de dégrader sa doctrine, car ils avaient perdu
son esprit d'indépendance ; ils ne pouvaient que
rarement comprendre la précision de ses abstractions
et de ses généralisations ; surtout, ils étaient trop loin
de la nature. De toute son œuvre, ce furent peut-être
les parties téléologiques qu'ils maltraitèrent le plus.
Les rares esprits indépendants qui surgirent de temps
à autre : Roger Bacon, Nicolas de Cusa, Léonard de
Vinci, ne purent ou ne voulurent s'affranchir de l'au-

torité des écoles, et en même temps l'habitude d'expliquer les phénomènes de la nature par leurs causes finales supposées s'accrut et se développa seule. Sous l'influence du pédantisme logique ou de la foi à l'autorité, mise alors au service de la théologie, les pires défauts d'Aristote se perpétuèrent, et quand les courants de la pensée moderne commencèrent à sourdre, la déformation d'idées, admirables à l'origine, était depuis longtemps achevée.

La situation réelle se révèle dans les œuvres de Francis Bacon. Dès l'âge de treize ans, son esprit s'était révolté contre les doctrines reçues et, à l'âge d'homme, le philosophe ne fut pas long à découvrir et à définir les sources de leurs erreurs. Elles sont pour la première fois énoncées dans un passage célèbre de *The Advancement of Learning*.

« La seconde partie de la métaphysique est la recherche des causes finales, partie que je suis porté à noter ici, non comme oubliée, mais comme mal placée. Pourtant, s'il ne s'agissait que d'un défaut d'ordre, je n'en parlerais pas ; car l'ordre n'a pour but que l'éclaircissement de la vérité et n'appartient pas à la substance des sciences ; mais cette erreur de place a été cause d'un défaut ou du moins d'une grande absence de progrès dans les sciences elles-mêmes. En effet, le mélange des causes finales avec les autres dans les recherches de physique a fait obstacle à la recherche rigoureuse et diligente de toutes les causes réelles et physiques, et a fourni aux hommes l'occasion de s'attarder sur ces causes séduisantes et spécieuses au grand détriment et empêchement d'autres découvertes. Je vois que cela a été fait non seulement par Platon, qui jette toujours l'ancre sur ce rivage-là, mais par Aristote, Galien et autres qui s'échouent d'ordinaire de la même façon sur ces bas-fonds des causes verbales. En effet, dire que *les cils servent de haie et de clôture pour la vue*, ou que *l'épaisseur de la peau des créatures vivantes est destinée à les défendre contre l'excès du chaud ou du froid*, ou que *les os sont comme les colonnes ou les poutres sur lesquelles est construite la charpente des créatures vivantes*, ou que *les feuilles des arbres servent à protéger les fruits*, ou que *les nuages servent à arroser la terre*, ou que *la solidité de la terre la rend propre à constituer la demeure et résidence des créatures vivantes* et ainsi de suite, cela est bien raisonné et exprimé en métaphysique, mais est déplacé en physique. Bien plus, il n'y a là en vérité que des rémoras et empêchements qui alourdissent le navire et entravent sa progression, et sont cause que la recherche des causes physiques a été négligée et passée sous silence. Par suite la physique de Démocrite et de quelques autres, qui n'ont pas supposé d'esprit ni de raison dans la constitution des choses, mais ont cru que la stabilité de leurs formes a été obtenue par des essais ou épreuves de la nature en nombre infini, qu'ils nomment *hasard*, me semble, autant que j'en puis juger par les exposés et fragments qui nous sont restés, plus réelle et mieux fondée, en ce qui concerne les particularités des causes physiques, que celle de Platon et d'Aristote. Ceux-ci y ont mêlé les causes finales, l'un comme une partie de la théologie, l'autre comme une partie de la logique, qui étaient respectivement leur étude favorite. Ce n'est pas que ces causes finales ne soient vraies et dignes d'être recherchées, si on les maintient dans leur domaine propre ; mais leur intervention sur le terrain des causes physiques a transformé celui-ci en désert. Si elles demeurent à l'intérieur de leurs limites et frontières, on se tromperait

fort en croyant qu'il y a la moindre contradiction ou opposition entre elles et les autres causes. L'explication suivant laquelle *les cils sont destinés à protéger la vue* ne contredit pas celle-ci : *la pilosité est particulière aux orifices humides ; muscosi fontes,* etc. — Et l'explication suivant laquelle *l'épaisseur de la peau sert au corps de cuirasse contre l'excès du chaud et du froid* ne contredit pas celle-ci : *la contraction des pores est particulière aux parties les plus extérieures, eu égard à leur contact avec les corps étrangers ou différents,* et ainsi du reste : les deux causes sont véritables et compatibles, l'une énonçant une intention, l'autre une conséquence. Cela ne met pas en question la Providence divine ni n'en diminue le rôle, mais ne fait que la confirmer et exalter infiniment. De même que, dans l'ordre civil, celui-là est le politique le plus grand et le plus habile qui sait faire des autres hommes les instruments de sa volonté et de ses fins sans jamais pourtant leur faire part de son dessein, en sorte qu'ils agissent et ne savent pas ce qu'ils font, et non celui qui communique ses intentions à ceux qu'il emploie ; de même la sagesse de Dieu est plus admirable, lorsque la nature veut faire une chose, et que la Providence en tire une autre chose, que s'il avait communiqué à des créatures et mouvements particuliers les caractères et marques de sa providence (1). »

Il est manifeste que Bacon ne s'écarte pas radicalement d'Aristote. S'il avait été capable de distinguer entre les éléments originaux de la pensée d'Aristote, et les bévues du maître, suivies des extravagances de l'École, il aurait nécessairement traité le problème tout

____

(1) *The Philosophical Works of Francis Bacon,* pp. 96-97. Londres, Routledge, 1905.

autrement. Mais ni l'époque ni le tour d'esprit personnel de Bacon n'étaient favorables à la critique historique.

C'est peut-être pour cette raison que la seule contribution solide de Bacon au problème téléologique consiste dans son étude de la méthode de la science. Tout en admettant le principe aristotélicien, selon lequel le mécanisme et la téléologie semblent être deux aspects complémentaires des choses, il montra que l'expérience exige qu'on les sépare dans la recherche scientifique. Il découvrit ainsi le caractère particulier de la science physique, à savoir qu'elle doit procéder comme si les causes finales n'existaient pas, bien qu'il reconnût pleinement qu'on a le droit de les concevoir comme réelles. En d'autres termes, la science physique ne peut admettre qu'une seule espèce de causalité, qui est la causalité physique. C'est un retour à Démocrite et à Empédocle.

La critique de Bacon est tout à fait fondée, mais elle laisse échapper un trait important de la pensée d'Aristote : le concept d'organisation. Pourtant saint Thomas d'Aquin avait ajouté à ce concept des développements importants. Peut-être ce défaut est-il heureux, car il est certain que la physiologie a, tout autant que la physique elle-même, besoin de solides investigations physiques. Mais le défaut demeure, et il marque la supériorité d'Aristote en tant que naturaliste.

Sur un autre point Bacon et Aristote souffrent d'une incapacité analogue. Ni l'un ni l'autre n'est capable de concevoir exactement comment on doit procéder dans une recherche physique. Un philosophe moderne est, sans doute, bien mieux informé sur ce point, parce que l'histoire lui fournit des exemples beaucoup plus nombreux, et les conceptions erronées

de Bacon semblent maintenant presque inexcusables.
Quoi qu'il en soit, il est manifestement fort loin de la
vérité dans les exemples de méthode scientifique qu'il
donne dans le *Novum Organum*, et il se montre incapable de voir la valeur de beaucoup de recherches de
son temps. Peut-être un effet direct de sa pensée relativement à la causalité fut-il d'éclairer ses successeurs immédiats, si les clairvoyants avaient vraiment
besoin d'être éclairés, mais il est certain qu'il ne
possédait aucune idée exacte de la causalité mécanique.
Cette idée se trouve pour la première fois dans les
investigations de Galilée et est étudiée d'une manière
critique pour la première fois par Descartes (1).

Les anciens n'étaient cependant pas absolument
privés de l'idée de causalité mécanique, bien qu'elle
soit totalement absente de la pensée d'Aristote. Sous
une forme très imparfaite, la vieille théorie atomique
remplissait le but, et les spéculations de Lucrèce
fournirent une base à la conception de l'indestructibilité de la matière (2), ou peut-être même de la
conservation de la masse (3). La même idée était destinée à trouver place dans les recherches de Newton (4), et nous pouvons noter en passant que, pour la
philosophie scolastique aussi, les causes avaient été
des êtres ou des substances, plutôt que des forces ou
des conditions.

Selon cette conception atomique des choses, le résultat d'un changement est ce qu'il est, parce qu'il a été

---

(1) Voir une étude excellente et savante de l'évolution du concept de causalité dans E. MEYERSON, *Identité et Réalité*. Paris,
Alcan, 1908.

(2) *De Natura rerum*, I, 150, 486, 487, 500, 522-565, 584-598.

(3) *Ibid.*, 361-363.

(4) *Opticks*, 3ᵉ édition, p. 375.

formé, sans gain ni perte de substance, de ce qui a disparu. Toutefois ces idées étaient toujours vagues. Il n'est pas douteux que, si elles se sont montrées impuissantes dans la chimie du xviiie siècle jusqu'à ce que Lavoisier les eût introduites dans ses recherches expérimentales, elles n'ont certainement exercé aucune influence permanente de nature suffisamment définie sur la pensée des époques précédentes.

En fait, c'est plutôt le développement de la dynamique que celui de la chimie qui a fourni au chercheur scientifique sa première représentation du véritable caractère de la nécessité mécanique. Ce concept dérive directement du principe d'inertie et, par suite, des expériences de Galilée sur la chute des corps (1). Longtemps avant que Galilée l'eût formulé avec précision, il fut connu de Descartes, peut-être d'une manière indépendante (2), et incorporé à son système philosophique. Par là, le défaut que comportait la formule baconienne de la méthode scientifique fut temporairement corrigé.

Pour Descartes, aux prises avec son système philosophique nouveau, le principe de l'inertie conduit directement à la loi de la conservation du mouvement, son « erreur mémorable », comme dit Leibniz (3). En conséquence, Descartes passe de l'hypothèse que le produit de la masse par la vitesse dans tous les phénomènes naturels est constant, à l'affirmation d'un principe de causalité universelle et nécessaire. Ces réflexions sur les principes de la dyna-

---

(1) Sur l'idée d'inertie dans l'antiquité, voir P. TANNERY, *Revue générale des Sciences*, XII, 1901, p. 133.

(2) MEYERSON, *op. cit.*, p. 104.

(3) *Mathematische Schriften*, Éd. Gerhardt, t. VI, p. 117. Voir plus loin pp. 29, 30.

mique l'amenèrent à croire que « Dieu ne change jamais sa façon d'agir ; ...et pour ce qu'il les maintient [les choses] encore avec la même action et les mêmes lois qu'il leur a fait observer en leur création, il faut qu'il conserve maintenant en elles toutes le mouvement qu'il y a mis dès lors, avec la propriété qu'il a donnée à ce mouvement, de ne demeurer pas toujours attaché aux mêmes parties de la matière et de passer des unes aux autres, selon leurs diverses rencontres (1) ». C'est la première contribution de Descartes à la définition du problème téléologique. Malgré son fondement erroné, elle marque un très grand progrès de pensée.

Mais, conduit beaucoup plus loin par son raisonnement, il devient, en avançant, le fondateur de la conception systématique qui, développée, est depuis longtemps devenue la base de la dynamique, et jusqu'à un certain point, de toute la science de la nature : à savoir que tout phénomène est réductible en dernière analyse à la matière et au mouvement. Il en vient à envisager les fonctions de l'organisme vivant. Et d'un seul coup, aidé par les recherches de Harvey, il fonde la théorie mécanique des processus vitaux. Ici, également, il semblerait que la causalité mécanique dût avoir la suprématie ; mais cette conclusion est incompatible avec la conception théologique de l'action volontaire. Ainsi surgit, pour la première fois clairement défini, le problème toujours embarrassant du vitalisme. Les enchaînements de la causalité mécanique ont beau être déterminés rigoureusement, ils ne peuvent jamais paraître tels, quand il s'agit des êtres vivants. Pourtant Descartes lui-même ne s'empêtrait

(1) *Principia*, I.ᵉ partie, ch. xlii.

pas inextricablement dans cette difficulté, à laquelle aucun penseur ultérieur n'a pu échapper. Les erreurs mêmes de sa dynamique, qui réduisent sa conception de la causalité à une simple ébauche préliminaire du principe véritable, lui laissaient une porte de sortie. Telle est l'origine de son idée fausse, que la volonté peut agir en changeant, non la quantité, mais seulement la direction du mouvement. Cette théorie est ingénieuse, et répond incontestablement à un besoin réel, comme l'attestent maintes spéculations ultérieures du même genre. Mais elle ne pouvait résister à l'analyse la plus superficielle, et elle tomba bientôt devant les progrès rapides de la mécanique théorique.

Toutes les autres contributions de Descartes au problème téléologique peuvent être résumées en une formule unique. Plus clairement et systématiquement qu'aucun de ses prédécesseurs, il perçut et élucida la relation complémentaire qui unit mécanisme et téléologie et il renforça par là la position d'Aristote. Pour lui toutes les choses sont téléologiques dans toutes les phases de leur développement nécessaire, parce qu'elles ont possédé à l'origine un caractère téléologique qui lui-même se conserve nécessairement. Cette conception, son étude de la causalité, imparfaite mais non sans valeur, sa théorie mécanique de l'activité physiologique et sa définition de l'hypothèse vitaliste dans l'étude de la liberté, voilà ce qui détermine la position de Descartes. Je n'ai point parlé de son admirable analyse des problèmes, ni de sa claire exposition des concepts. Dans son cas, en dehors des préoccupations théologiques et des considérations qui touchent aux propriétés de la matière, on a le droit de les tenir pour connues du lecteur.

Le système philosophique de Descartes se meut

principalement dans un autre monde que celui de ces idées simples. Pour cette raison même, il nous est loisible de passer outre. Même ses étranges conceptions métaphysiques de la matière et de l'étendue sont sans importance pour sa théorie de la causalité mécanique, parce qu'elles dérivent de celle-ci et de ses autres idées scientifiques. Dans la pensée de Descartes, comme dans celle d'Aristote autrefois, et dans celle de Leibniz un peu plus tard, les principes philosophiques ne doivent pas être regardés comme s'accordant avec les principes scientifiques. Leur pensée s'efforce d'être scientifique, pourtant dans les trois systèmes les principes philosophiques dérivent de plusieurs sources incompatibles, dont la scientifique est probablement la plus importante. Mais la science physique et ses fondements mathématiques semblent avoir été le centre des préoccupations de Descartes et l'origine d'une grande partie de ce que sa philosophie contient de vraiment original (1).

Il ne fallut pas beaucoup de siècles pour que les erreurs de la théorie cartésienne de la causalité se révélassent, car elles avaient été jetées dans un monde où la pensée scientifique bouillonnait comme elle n'avait jamais fait auparavant, et qui se consacrait à l'étude expérimentale et mathématique de la dynamique. Huyghens, Newton et Leibniz reprirent immédiatement la tâche que Galilée et Descartes avaient abandonnée. Bientôt, avec l'aide de nombreux travailleurs et penseurs de moindre envergure, ils eurent achevé la définition des principes scientifiques et perfectionné l'idée de causalité mécanique.

---

(1) Cf. GILSON, *la Doctrine cartésienne de la liberté et la théologie.* Paris, Alcan, 1913.

L'attaque de Leibniz contre la dynamique cartésienne a été fréquemment étudiée, mais pas toujours
avec une claire compréhension de la véritable nature
des principes scientifiques sous-jacents (1). Il n'y a
pas grande originalité dans la critique elle-même, qui
est fondée en grande partie sur les résultats de Huyghens et d'autres. Le seul point qui intéresse le problème téléologique est une démonstration suivant
laquelle la direction du mouvement ne peut être
modifiée par l'action de la volonté, puisque le principe
de la conservation de la force vive doit s'appliquer,
s'il le doit ailleurs, à la somme de la force mouvante,
quelque direction qu'elle suive. Après cette démonstration, le vitalisme particulier de Descartes, qui avait
déjà reçu de son disciple Geulincx (2) le coup de grâce,
disparaît de l'histoire de la pensée.

Le grand intérêt de la position de Leibniz tient à ce
qu'il est le premier à attaquer le problème qui naît
inévitablement de l'examen philosophique des principes
de la dynamique classique, une fois parvenus à leur
forme parfaite. La manière dont il traite le sujet révèle
toute l'ampleur de son admirable intelligence, et le
résultat est une synthèse de la pensée de son siècle.
Par la façon dont cette synthèse embrasse tous les
domaines de la connaissance et de la spéculation, par
l'habileté dialectique, et par la vigueur intellectuelle seule, c'est l'un des grands exemples de l'analyse philosophique. Mais elle souffre d'un défaut mortel :
la préoccupation constante des besoins de la théologie.
Elle veut servir deux maîtres. Leibniz ne pouvait faire
autrement que de croire que la nécessité mécanique

____

(1) Voir Mach, *Die Mechanik*, 3ᵉ éd., p. 274.
(2) Windelband, *Geschichte der Philosophie*, 3ᵉ éd., p. 341.

est un principe sans exception, et, par suite, que
Dieu « avait tout prévu, tout arrangé une fois pour
toutes (1) ». Cette doctrine se présente comme une
conséquence de son principe de la conservation de la
force vive (la conservation de Σmv^2) bien qu'il y ait
des raisons de croire qu'elle provient en réalité, plus
ou moins directement, de même que, sous une forme
imparfaite, chez Descartes, de l'idée d'inertie. En effet,
historiquement parlant, l'idée du déterminisme absolu
et universel semble s'imposer presque nécessairement
à qui étudie la dynamique. Il croit peut-être la tirer
du principe de la conservation du mouvement, de la
force vive ou de l'énergie, ou des deux principes réunis
de la thermo-dynamique ; l'énigme psycho-physique le
conduit peut-être à toutes sortes de réserves in-
génieuses et subtiles, mais l'idée de déterminisme
reste toujours présente à son esprit, soit comme généralisation de son concept de la causalité, soit comme
principe *a priori* et évident de soi, d'où dérive
la notion de cause elle-même. Sans doute, cependant,
ce principe n'est-il pas strictement un jugement *a
priori*, étant donné qu'il ne peut être formé, avec la
précision nécessaire, en l'absence de connaissances
scientifiques étendues. Par suite, la façon la plus
simple de l'envisager est de le regarder comme un
corollaire nécessaire du concept d'inertie (2), si l'on
suppose que tous les phénomènes peuvent être réduits à la matière et au mouvement. Nous pouvons
à ce propos rappeler la première loi newtonienne du
mouvement : « Tout corps demeure dans son état de
repos ou de mouvement uniforme et rectiligne, à

----

(1) Ed. Gerhardt, III, p. 400.
(2) Mais voy. Meyerson, *loc. cit.*

moins qu'il ne soit obligé de modifier cet état par des forces agissant sur lui. »

Leibniz est assurément le vrai créateur de cette conviction que tout phénomène, sans aucune exception, résulte de la causalité mécanique, et est, par suite, déterminé rigoureusement et sans équivoque. Cette conception est presque aussi ancienne que la pensée elle-même, et était très répandue de son temps. Mais Leibniz la fonda sur une analyse attentive des lois connues de la nature, et la rendit ainsi directement accessible à l'entendement et à l'imagination. Son analyse a été critiquée, développée, et par là graduellement modifiée. Mais dans toute l'évolution ultérieure de la pensée scientifique, elle n'a jamais, même un instant, perdu l'approbation de la majorité des juges compétents, et elle constitue aujourd'hui le premier article de l'orthodoxie scientifique. C'est un fait historiquement intéressant que Leibniz concevait le mouvement visible des masses comme s'évanouissant en quelque manière dans celui des particules constitutives imperceptibles, lorsque le mouvement cesse en apparence. L'identité de cette divination remarquable avec nos théories modernes est évidente.

La position de Leibniz est rendue tout à fait claire par de nombreux passages de ses œuvres, dont un seul peut servir d'exemple. Dans la *Monadologie*, il déclare que « Descartes a reconnu que les âmes ne peuvent point donner de la force aux corps, parce qu'il y a toujours la même quantité de force dans la matière. Cependant il a cru que l'âme pouvait changer la direction des corps. Mais c'est parce qu'on n'a point su de son temps la loi de la nature, qui porte encore la conservation de la même direction totale dans la

matière. S'il l'avait remarquée, il serait tombé dans mon système de l'harmonie préétablie.

« Ce système fait que les corps agissent comme si (par impossible) il n'y avait point d'âmes (1)... »

Leibniz aurait pu mieux traiter le problème qui se pose ainsi, en employant simplement la méthode d'Aristote. Deux considérations, apparemment, le conduisirent bien au delà d'une critique purement destructive de la position cartésienne, à sa théorie de l'harmonie préétablie. Ce sont l'irritante énigme de l'action volontaire, et les préoccupations théologiques. On a pris l'habitude, du moins dans les cercles scientifiques, de regarder la monade qui se trouve à la base même de l'harmonie préétablie de Leibniz, comme une création vague de l'imagination, incohérente, inintelligible, absurde même, et tout à fait indigne de l'esprit de l'un des inventeurs du calcul infinitésimal. Il n'en est pas ainsi. M. Bertrand Russell a le droit d'être entendu sur ce point, et il déclare : « Ce système d'apparence fantaisiste pouvait se déduire de quelques prémisses simples, que, sans les conclusions que Leibniz en avait tirées, beaucoup de philosophes, sinon la plupart d'entre eux, auraient été disposés à admettre (2). »

On ne saurait cependant douter que cet exemple unique de spéculation philosophique construite sur le modèle des mathématiques ne nous concerne point. Il est sans importance pour l'histoire de la formation des concepts téléologiques courants, dans la mesure où, à mon sens, ils se rapportent à notre problème (3).

---

(1) *Monadologie*, 80, 81.

(2) *A Critical Exposition of the Philosophy of Leibniz*, p. VIII. Cambridge, 1900.

(3) Voir cependant WARD, *The Realm of Ends: Pluralism and Theism*. Cambridge, 1911. Lecture III, etc.

La *Monadologie*, il est vrai, est toute téléologique, et l'auteur voulait qu'elle le fût. Mais les éléments téléologiques de valeur durable ne suivent pas nécessairement le sort de l'édifice tout entier. On peut démolir celui-ci sans les détruire. Un seul de ces éléments se rapporte à notre sujet, et il est présent dans toutes les spéculations de Leibniz. Pour lui, comme pour Aristote, l'univers est téléologique autant que mécanique. Mais Leibniz, plus encore que Descartes, est contraint de placer l'origine de l'armature téléologique de tout mécanisme au commencement des choses, c'est-à-dire au moment même de la création. Il ne peut jamais se produire de véritables nouveautés téléologiques, quelle qu'en soit l'origine, car tout est ordre. Même les miracles sont conformes à l'ordre de la nature, comme plus tard Babbage l'affirma sans ambages.

Certains détails des spéculations de Leibniz peuvent paraître contredire ou modifier gravement sa position fondamentale, mais ces écarts ne comptent pas plus que l'embarras d'Aristote, en des circonstances analogues. En effet, Leibniz ressemblait à Descartes et à Aristote particulièrement en ceci, que ses conceptions scientifiques sont fondamentales, et ses opinions philosophiques dans une large mesure secondaires (1). Ce qu'il y a de particulièrement original et solide dans la philosophie de Leibniz est d'origine scientifique, car les résultats de la science et des mathématiques étaient les seules sources nouvelles de ses théories.

La nécessité d'ajuster l'idée du déterminisme méca-

_____

(1) Cf. B. RUSSELL, *op. cit.* ; — COUTURAT, *la Logique de Leibniz.* Paris, 1901 ; — CASSIRER, *Leibniz's System.* Berlin, 1902.

nique absolu à sa position métaphysique eut un autre résultat important pour la pensée de Leibniz. Elle le conduisit à l'examen du problème de l'organisation. Les investigations des biologistes du xviie siècle avaient peu à peu ramené l'attention sur cette question, et il était enfin devenu possible d'apercevoir vaguement combien le problème de l'organisation elle-même diffère de celui de la simple action en vue d'un but. Non seulement le vitalisme de Descartes, mais la conception beaucoup plus large de Stahl, qui étend le principe animiste de l'action de la conscience à l'organisme tout entier, apparaît à Leibniz comme radicalement fausse. Pour lui rien dans l'être vivant n'est hétérogène avec le mécanisme, et tout a sa cause ou son explication mécanique. Autrement, comme le soutiennent encore les mécanistes modernes, l'organisme est nécessairement d'une complète inintelligibilité. Mais c'est un mécanisme d'une perfection extrême, où tout se passe comme si la philosophie matérialiste d'Épicure et de Hobbes était vraie. Pourtant cette vérité scientifique absolue ne possède qu'une valeur philosophique relative. Le caractère mécanique de l'organisme, comme celui de la nature elle-même, n'est précisément que le moyen par lequel nous atteignons les vérités éternelles. Et dans l'organisme nous pouvons facilement voir les insuffisances philosophiques de la description mécanique en tant qu'ultime position philosophique. « Ainsi chaque corps organique d'un vivant est une espèce de machine divine ou d'automate naturel, qui surpasse infiniment tous les automates artificiels. Parce qu'une machine, faite par l'art de l'homme, n'est pas machine dans chacune de ses parties. Par exemple, la dent d'une roue de laiton a des parties ou fragments qui ne nous sont plus quelque chose d'artificiel et n'ont plus rien qui marque l'usage auquel la roue était destinée dans la machine. Mais les machines de la nature, c'est-à-dire les corps vivants, sont encore machines dans leurs moindres parties jusqu'à l'infini. C'est ce qui fait la différence entre la Nature et l'Art, c'est-à-dire entre l'art divin et le nôtre (1). » La conception leibnizienne de l'organisation est ainsi inférieure à celle d'Aristote (2). Néanmoins, Leibniz a établi le principe important que l'organisation est compatible avec le mécanisme.

En ce qui concerne le développement des théories téléologiques, on aperçoit maintenant le résultat de la première période de la science et de la philosophie moderne. Très important est le renforcement de la position originale d'Aristote. Le mécanisme et la téléologie doivent encore être regardés comme les aspects complémentaires de tous les êtres, physiques ou biologiques. On reconnaît toujours le caractère particulier de l'être vivant en tant qu'organisme, mais, sans l'aide de la profonde intuition d'Aristote, et en l'absence d'une pensée biologique progressive, on le conçoit d'une manière vague. En même temps, la nature elle-même a revêtu de plus en plus l'aspect d'un organisme. D'autre part, le mécanique a été dégagé logiquement du téléologique. Tout se passe comme si le mécanisme était la réalité ultime, ou du moins tous les phénomènes de la matière et du mouvement se passent ainsi. Et tous les phénomènes sont réductibles à la matière et au mouvement. Newton, non moins que Leibniz, semble tenir cela pour assuré. En outre, tous les phénomènes de la matière et du mouvement

(1) *Monadologie*, 64.
(2) Voir *supra*, p. 14.

sont nécessairement déterminés, conformément au concept de la conservation, conséquence directe de l'idée d'inertie.

Par suite, les principes téléologiques n'entrent en jeu que dans l'*interprétation* des phénomènes, en particulier dans l'interprétation de la nature dans son ensemble et de l'organisme. Cette interprétation, cependant, entraîne une forme de description qui, bien quelle soit tout à fait indépendante de la description physique ordinaire, lui est de nouveau corrélative. Les causes finales, par conséquent, restent en grande faveur. En physique elles ont perdu leur pouvoir nocif. Mais en des domaines plus larges de la pensée, elles sont tout aussi dangereuses que jamais.

CHAPITRE III

LE DIX-HUITIÈME SIÈCLE

C'est une période lamentable que celle qui suivit la mort de Leibniz et de Newton. En suivant la direction qu'ils avaient fixée, la physique continua sa route sans se soucier d'autres problèmes métaphysiques que ceux qu'elle créait elle-même. Mais dans le même temps la philosophie de la nature dégénérait et devenait le théisme du xviiie siècle, abandonnant ainsi complètement la voie du progrès. Et pourtant, malgré les apparences, le jeu puéril des causes finales n'avait pas tout à fait le champ libre. Ceux qui s'y adonnaient supposaient peut-être qu'ils pourraient trouver leur justification complète dans la philosophie de Leibniz et dans l'évolution de la théologie. Graduellement, néanmoins, les idées de Locke, le plus indépendant des penseurs du xviie siècle, poussaient dans une autre direction, et enfin Hume vint. On en était arrivé alors à regarder la question de l'agencement comme identique avec le problème du dessein; il n'y a pas grand'chose à dire en faveur de cette opinion, si ce n'est qu'elle révèle le développement d'une conception vague de l'unité organique dans la nature. A tous autres égards elle est un signe de décadence.

La situation historique de Hume, non moins que son tempérament naturel, était idéalement favorable à l'examen du problème du dessein. Dans l'histoire de cette question, c'est une combinaison rare, mais nécessaire à la formation d'un jugement impartial. Après Aristote il fut peut-être le premier penseur considérable à aborder la question de l'agencement sans parti pris, et avec un sang-froid absolu. Non qu'il fût indifférent, comme on l'a si souvent cru, à l'influence de sa pensée sur la moralité, mais il possédait évidemment, en vrai philosophe, la conviction de la valeur suprême de la pensée elle-même. Et toutes les inquiétudes que pouvait lui donner son influence destructive sur la religion en général étaient certainement compensées par le désir d'abattre le système théologique abhorré qui régnait à son époque.

La grande et primordiale question, dans l'Angleterre du temps de Hume, était celle du dessein, et il ne pouvait y échapper. Il est bien évident cependant qu'il ne l'aurait pas voulu s'il l'eût pu, car il a lui-même cité avec faveur l'opinion que la théologie naturelle doit former le point culminant des autres études philosophiques (1).

Il est probable que les *Dialogues touchant la Religion naturelle* peuvent être à bon droit regardés comme son dernier mot en philosophie. Ils sont chronolo-

---

(1) « Que les étudiants en philosophie apprennent d'abord la Logique, puis l'Éthique, ensuite la Physique, et en dernier lieu seulement la nature des Dieux. — Chrysippus *apud* Plut. *De Repug. Stoicorum.* » *Dialogues concerning Natural Religion.* Edimbourg et Londres, 1907, pp. 6, 7. — DAVID HUME, *Œuvres philosophiques*, trad. M. DAVID, t. I, p. 186, Paris, 1912.

giquement les derniers de ses écrits philosophiques, leur style montre qu'ils sont le produit d'un grand travail et d'un nouvel effort de réflexion. Nous savons aussi que, pendant la longue période où ils restèrent inédits, Hume sollicita les critiques de ses amis (1), et il ajourna la publication jusqu'après sa mort.

Pour se faire des *Dialogues* une opinion exacte, il faut tenir compte de deux autres considérations. D'une part, Hume vivait à une époque où les échos de la révolution scientifique du xviie siècle étaient, surtout en Angleterre, presque éteints. Une période de progrès paisible et régulier avait suivi, qui, sauf la grande innovation de Lavoisier, devait continuer sans incident pendant de nombreuses décades. C'est pour cette raison, assurément, que la science et les mathématiques ne tiennent que peu de place dans la pensée de Hume, à telles enseignes que sa célèbre critique de la causalité est, du point de vue scientifique, unilatérale et stérile. D'autre part, Hume était à peu près aussi isolé dans l'histoire de la philosophie. Il est tellement éloigné des philosophes du xviie siècle que ses travaux sont dans l'ensemble, et particulièrement à l'égard des problèmes téléologiques, discontinus avec les leurs. Et il ne vécut pas assez pour voir ce grand résultat de ses efforts : Kant « réveillé de son sommeil dogmatique ».

On éprouve certaines difficultés à découvrir les opinions réelles de Hume sous les conclusions incertaines des *Dialogues touchant la Religion naturelle*. Dès le début, dans un intéressant plaidoyer en faveur de cette forme littéraire (2), il indique lui-même que ses

(1) *Œuvres philosophiques*, p. ix.
(2) *Op. cit.*, p. 2; trad. M. David, p. 183.

idées ne sont pas définitivement arrêtées, sur un grand nombre des questions dont il s'agit ; on peut même à juste titre regarder les *Dialogues* comme une démonstration que ces problèmes surpassent les facultés humaines, et l'on sait qu'il était mécontent des résultats de son analyse (1). Mais la tendance générale de l'argumentation n'est pas douteuse.

Pour Hume il ne peut y avoir qu'un seul fondement de la croyance au dessein. C'est la reconnaissance de l'ordre naturel, qui, saisi directement, suffit. Point n'est besoin, en dernière analyse, de raisonner sur ce point, car la croyance au dessein se produit sans démarche logique. Comme il le fait dire à Cléanthe : « L'ordre et l'arrangement de la nature, l'ajustement soigneux des causes finales, l'usage et la destination évidentes de toutes les parties et de tous les organes, indiquent dans le plus clair langage une cause ou un auteur intelligent. Les cieux et la terre s'unissent pour rendre le même témoignage : le chœur entier de la Nature adresse un hymne à la louange de son créateur ; vous êtes seul, ou presque seul, à troubler cette harmonie générale. Vous élevez des doutes, des arguties, des objections abstruses ; vous me demandez : quelle est la cause de cette cause ? Je l'ignore, je ne m'en soucie point ; cela ne me concerne point. J'ai trouvé une Divinité, et là j'arrête ma recherche. Que ceux-là aillent plus loin, qui sont plus sages ou plus entreprenants. »

« Je ne prétends être ni l'un ni l'autre, répond Philon ; et pour cette seule raison, je n'eusse peut-être jamais tenté d'aller aussi loin ; étant donné surtout que je m'aperçois qu'il me faudra à la fin me conten-

____

(1) *Op. cit.*, p. XI.

ter de la même réponse qui, sans autre peine, aurait
pu me satisfaire dès le commencement (1). »

« Un but, une intention, un dessein, frappe partout
le penseur le plus inattentif, le plus stupide, et personne ne peut être assez endurci en d'absurdes systèmes pour refuser à tout coup de l'admettre (2). »

Mais c'est la seule concession de Hume à la théologie naturelle. Au rebours de l'âpre et consciencieux
Butler, il ne peut trouver aucune place pour le mal
dans ce domaine de la pensée et il s'exprime ainsi :
« Et se peut-il, Cléanthe, dit Philon, qu'après toutes
ces réflexions et une infinité d'autres, qu'on pourrait avancer, vous persévériez encore dans votre
anthropomorphisme et souteniez que les attributs
moraux de la Divinité, sa justice, sa bienveillance,
sa miséricorde, sa droiture sont de la même nature
que ces vertus chez les êtres humains ? Sa puissance,
nous l'accordons, est infinie, tout ce qu'elle veut
s'exécute, mais ni l'homme, ni aucun autre animal
n'est heureux : donc elle ne veut pas leur bonheur.
Sa sagesse est infinie, elle n'erre jamais dans le choix
des moyens en vue de telle ou telle fin ; mais le cours
de la nature ne tend pas à la félicité humaine ni ani-
male ; par conséquent, ce cours n'est pas établi dans
cette vue. Dans le domaine entier de la connaissance
humaine, il n'y a pas d'inférences plus certaines ni
plus infaillibles que celles-là. En quoi, dès lors, sa
bienveillance et sa miséricorde ressemblent-elles à la
bienveillance et à la miséricorde des hommes ?

« Les vieilles questions d'Épicure n'ont point encore
reçu de réponse.

____

(1) *Op. cit.*, pp. 70, 71 ; trad. M. DAVID, p. 226.
(2) *Ibid.*, p. 165 ; trad. M. DAVID, pp. 287-288.

« Est-elle désireuse d'empêcher le mal, sans le pouvoir ? Alors elle est impuissante. Le peut-elle, sans le vouloir ? Alors elle est malveillante. Le peut-elle et le veut-elle ? Alors d'où vient qu'il y ait du mal (1)? » Cela n'est nullement une manière équitable de traiter le problème du mal, mais suffit comme réponse à la théologie de l'époque.

Pour Hume, ces considérations détruisent tout l'édifice de la théologie naturelle (2), et ne laissent rien d'autre que l'impression produite sur l'esprit par la reconnaissance de l'ordre de la nature. L'analyse révèle sa ferme conviction que la raison humaine est absolument incompétente en cette matière. De la même façon l'harmonie préétablie de Leibniz perd toute sa base, parce qu'elle aussi nie la souffrance humaine, ou du moins la perd complètement de vue (3).

Après beaucoup d'autres discussions, une conclusion définitive au sujet du dessein est incontestablement atteinte, et formulée avec beaucoup de soin dans les termes suivants :

« Si l'ensemble de la Théologie naturelle, comme certains semblent le prétendre, se résout en une seule proposition simple, encore qu'assez ambiguë ou du moins indéfinie, savoir: *que la ou les causes de l'ordre dans l'univers ont probablement quelque analogie lointaine avec l'intelligence humaine ;* si cette proposition n'est pas susceptible d'extension, de variation, ou d'explication plus précise; si elle ne fournit aucune inférence qui affecte la vie humaine ou qui puisse

______

(1) *Op. cit.*, pp. 133, 134; trad. M. David, pp. 267-268.
(2) Les autres parties de la pensée théologique ne sont pas en question ici.
(3) *Ibid.*, p. 125; trad. M. David, p. 263.

être la source d'une action ou d'une abstention quelconque ; et si l'analogie, quelque imparfaite qu'elle soit, ne peut pas être étendue au delà de l'intelligence humaine, et ne peut être transportée, avec quelque semblant de probabilité, aux autres qualités de l'esprit ; si tel est en effet le cas, que peut faire d'autre le plus curieux, le plus contemplatif, le plus religieux des hommes, que de donner un assentiment franc et philosophique à cette proposition, aussi souvent qu'elle se présente, et de croire que les arguments sur quoi elle est établie l'emportent sur les objections qui s'y opposent (1) ? »

Il n'y a qu'un pas de cette position à la théorie de Kant, que toutes les conclusions téléologiques sont de simples jugements réfléchissants de l'esprit humain. Mais l'importance historique de la critique de Hume tient surtout à ce qu'il a démoli toutes les prétentions de la théologie naturelle à une valeur scientifique ou philosophique. Les théologiens naturels, il est vrai, continuèrent près d'un siècle encore à envelopper les résultats solides de la science d'un semblant de forme théologique. Mais ils n'y parvinrent qu'en ne tenant nul compte de tout ce que Hume leur avait dit, et, à de rares exceptions près, leurs travaux n'ont plus aucun rapport avec la pensée réelle de l'humanité.

Pourtant le problème téléologique demeure. Le théisme avait introduit, d'une façon absolument injustifiable, un élément anthropomorphique dans l'agencement, mais il n'avait pas modifié l'aspect d'ordre. Et rien n'était plus loin de l'esprit de Hume que de nier l'existence de celui-ci. Cependant, il est vrai, il

(1) *Op. cit.*, pp. 189, 190 ; trad. M. DAVID, pp. 302-303.

l'analyse, et c'est dans cette analyse que se trouvent ses contributions positives au problème.

Hume constate que l'esprit peut concevoir certains états d'un système aveugle et chaotique, surgissant par hasard au cours du temps, qui se maintiennent nécessairement pendant une période plus ou moins longue, et, par suite, offrent nécessairement l'aspect de l'ordre. Il formule ainsi sa pensée : « Y a-t-il un système, un ordre, une économie des choses, par où la matière puisse conserver cette agitation perpétuelle, qui semble lui être essentielle, tout en gardant de la constance dans les formes qu'elle produit ? Une telle économie existe certainement : tel est effectivement le cas de ce monde-ci. Le mouvement continuel de la matière, par conséquent, en moins d'une infinité de transpositions, doit produire cette économie ou cet ordre ; et par sa nature même, cet ordre, une fois établi, se maintient durant de longs âges, sinon éternellement. Mais partout où la matière est équilibrée, . disposée et ajustée de manière à rester en perpétuel mouvement, tout en gardant de la constance dans les formes, sa situation possède nécessairement en tout point l'aspect artificiel, arrangé, que nous observons à présent. Toutes les parties de chaque forme doivent soutenir une relation avec chaque autre partie et avec le tout ; et le tout lui-même doit soutenir une relation avec les autres parties de l'univers (1)... »

Une telle origine et un tel développement de l'univers pourraient bien expliquer, même si nous tenons compte de l'être vivant aussi, l'aspect d'ordre, et l'impression de dessein qui en résulte. En fait, dit Hume, « il est vain... d'insister sur l'utilité des parties

____

(1) *Op. cit.*, pp. 105, 106 ; trad. M. DAVID, pp. 249-250.

des animaux ou des végétaux et leur singulier ajustement réciproque. Je voudrais bien savoir comment un
animal pourrait subsister, si ses parties n'étaient pas
ajustées de la sorte (1) »?

Si ce n'est pas là le principe de la survivance des
plus aptes, c'est au moins celui de la survivance
des aptes. L'idée est, à proprement parler, plus près encore de la pensée de Darwin, car dans les deux conceptions, le fait positif est l'élimination des inaptes. Hume
développe clairement un autre aspect de la conception
darwinienne de l'évolution, dans une analyse des conditions qui ont commandé l'évolution du navire, par
des procédés de tâtonnement et d'erreur où l'habileté
et la prévoyance humaines n'ont guère eu de part. En
vérité, l'idée sous-jacente à toutes ces considérations
mène à l'énonciation générale de cette tendance vers
l'équilibre dynamique, qui est l'un des principes de la
physique et de la biologie modernes. La science est
loin d'avoir réussi à formuler cette conception d'une
manière aussi absolue que Hume. Mais la position de
Hume est tout de même bien fondée.

Cette théorie, bien qu'elle ne soit pas entièrement
propre à Hume, marque un progrès important
dans le développement de la pensée (2). Elle montre
clairement la façon dont nous devons concevoir un

(1) *Op. cit.*, p. 109 ; trad. M. DAVID, p. 252.
(2) Cf. « Mais de quelle façon cet amas de matière a-t-il pu former
la terre et le ciel, et les abîmes de l'océan, le soleil, la lune et
leurs cours, c'est ce que je vais expliquer dans cet ordre. Car,
certes, ce n'est pas en vertu d'un plan arrêté, d'un esprit clairvoyant
que les atomes sont venus se ranger chacun à leur place ; assurément ils n'ont pas combiné entre eux leurs mouvements respec-
tifs ; mais les innombrables éléments des choses, heurtés de mille
manières et de toute éternité par de nombreux chocs extérieurs,
entraînés d'autre part par leur propre poids, n'ont cessé de se
mouvoir et de s'unir de toutes les façons, d'essayer toutes les créa-

univers mécanique à l'œuvre pour produire quelque chose de fort semblable à l'unité organique. Je suis d'avis qu'elle montre aussi que la conception de Kant, qui fait de l'agencement exclusivement une fonction du jugement réfléchissant, est inacceptable, ou du moins sans intérêt pour la science de la nature.

Il y a une autre considération, développée dans un passage antérieur de la discussion de Hume, à laquelle ramènent ces conclusions. Il fait dire au sceptique Philon : « Autant que nous sommes en mesure de le savoir *a priori*, il se peut que la matière contienne originellement la source de l'ordre, en elle-même, comme l'esprit (1)... »

Ainsi la position originelle d'Aristote reparaît encore une fois. Mais, sous cette dernière forme, elle est développée et raffinée au point de devenir presque un problème scientifique. En effet, nous sommes fondés à demander quelle est la nature de cette source originelle de l'ordre. Le problème pourrait même être résolu si seulement nous étions en mesure de construire la formule universelle de Laplace, puisque les quantités variables qui y sont contenues et les relations fonctionnelles qui existent nécessairement entre elles fourniraient toutes les données nécessaires. En d'autres termes, la *forme* de l'équation fournirait une description complète de la source de l'ordre dans le monde. La question se poserait alors de savoir s'il existe une valeur téléologique quelconque dans les propriétés et

tions dont leurs diverses combinaisons étaient susceptibles ; voilà pourquoi, à force d'errer dans l'infini des temps, d'essayer toutes les unions, tous les mouvements possibles, ils aboutissent enfin à former ces assemblages qui, soudain réunis, sont à l'origine de ces grands objets, la terre, le ciel et les espèces vivantes. » Lucrèce, *De Natura rerum*, V. 416-431 ; trad. Ernout, Paris, 1920.

(1) *Op. cit.*, p. 36 ; trad. M. David, p. 205.

l'arrangement originels de la matière, ou si d'aventure la tendance à l'équilibre est seule téléologique, comme paraît le penser le matérialisme scientifique radical. A mon sens, il n'est pas douteux que les conclusions de Hume soient opposées à cette dernière opinion.

La discussion huméenne de l'agencement est à bien des égards décisive. Elle demeure encore, pour l'homme de science, le meilleur exposé d'ensemble de la question. Elle est claire, spécifique et franche. Elle élimine une fois pour toutes la théologie dogmatique et sur plusieurs points fournit à Kant les matériaux du nouvel examen du problème, auquel il procède selon sa propre méthode critique. Tout cela est dû, moins à l'originalité de la pensée de Hume qu'à la lumière qu'elle projette, grâce à sa clarté, à sa netteté, et, surtout, à sa parfaite honnêteté. Descartes avait été clair, et Leibniz net ; tous deux avaient abordé leur tâche avec un bagage mathématique et scientifique supérieur à celui de Hume, mais ni l'un ni l'autre n'avait atteint cette liberté spirituelle qui permet de rechercher le vrai sans arrière-pensée.

Il est remarquable qu'avant la seconde moitié du xviiie siècle on ne fasse aucun effort pour distinguer dans l'étude du problème de la téléologie naturelle les interprétations philosophiques et les résultats scientifiques. La science avait depuis longtemps conquis son indépendance, qui avait été revendiquée par Bacon et déclarée par Newton, lui-même finaliste convaincu Mais on ne soupçonnait pas qu'il fût possible d'envisager le problème téléologique comme exclusivement philosophique. Cela est vrai en dépit du fait que la mécanique était bien comprise comme s'occupant dans ses investigations de la causalité mécanique seule.

L'unique moyen de se débarrasser du téléologique dans la science avait été de nier l'existence de la téléologie. C'est à cette situation que Kant entreprit de mettre un terme.

La *Critique du Jugement* contient l'examen critique le plus achevé, le plus complet, que Kant ait donné de l'agencement. A son avis la croyance qu'il existe dans la nature des formes et des combinaisons téléologiques peut être regardée comme une aide, quand le principe de la causalité mécanique est insuffisant pour réduire les phénomènes à des règles. Une pareille attitude, cependant, est affaire de jugement réfléchissant et n'intéresse pas la science physique. Mais cette façon d'étudier les phénomènes, qui, selon Kant, ne peut en aucune manière être regardée comme du ressort de la physique, a eu des résultats très importants en ce qui concerne notre attitude envers la nature. « En effet, c'est dans la nécessité même de ce qui répond à un plan, et est constitué exactement comme s'il était fait à dessein pour notre usage, mais semble en même temps appartenir originellement à l'essence des choses sans avoir égard à notre usage, que réside le fondement de notre grande admiration pour la nature (1)... »

Pourtant ces idées peuvent justifier la croyance à la finalité externe de la nature seulement si nous croyons que l'objet qu'elles servent, par exemple l'humanité, est lui-même une fin de la nature. Kant conclut par suite : « Puisque cela ne peut jamais être démontré par la simple considération de la nature, il suit que la finalité relative, bien qu'elle fasse hypothétiquement songer à des fins de la nature, ne légitime pourtant

(1) *Kant's gesammelte Schriften*, herausg. von d. k. p. Ak. d. Wiss. Band V, p. 363, ll. 32-36, Berlin, 1908; trad. J. Barni, t. II, p. 10, Paris, 1846.

pas un jugement téléologique absolu (1). » Ainsi le bœuf a besoin d'herbe, et l'homme a besoin du bœuf. Mais nous ne voyons pas pourquoi l'existence de l'homme est nécessaire.

La conception aristotélicienne de l'organisation n'est pas dans le même cas, car la téléologie y est interne, ou, selon l'expression préférée par Kant, un être vivant est à la fois « cause et effet de soi (2) ». « Chaque partie non seulement n'existe que par les autres parties, mais est conçue comme n'existant que *pour* les autres et le tout (3). » En outre, à la différence de toutes les machines, l'organisme possède une puissance formative aussi bien que du mécanisme.

Au sentiment de Kant, si, d'une part, les produits organiques ne sont qu'imparfaitement analogues aux produits de l'art, ils ne sont, d'autre part, guère plus analogues à l'organisation de l'ensemble de la nature. Aussi l'agencement de l'organisme vivant et de l'ensemble de la nature sont également incomparables, et la conclusion est inévitable que les êtres organiques seuls peuvent être regardés comme des fins absolues de la nature. En effet, toutes les autres fins apparentes dans la nature sont purement relatives. C'est donc seulement à cause de l'organisme que le concept d'agencement s'impose nécessairement à nous. Ce concept, cependant, conduit naturellement à envisager l'ensemble de la nature comme un système téléologique. Dans ce système le mécanisme est regardé comme le serviteur de la raison, et rien n'est sans valeur ou inutile.

« Il est clair que ce n'est point là un principe pour

<hr>

(1) *Op. cit.*, pp. 368, l. 36 ; 369, l. 2 ; J. Barni, p. 19.
(2) *Ibid.*, p. 370, ll. 36-37 ; J. Barni, p. 23.
(3) *Ibid.*, p. 373, ll. 35-37 ; J. Barni, pp. 28-29.

le jugement déterminant, mais seulement pour le jugement réfléchissant ; qu'il est régulateur et non constitutif ; et qu'il ne nous donne qu'un fil conducteur pour considérer les choses de la nature dans leur relation avec un principe de détermination déjà donné, conformément à un ordre légal nouveau, et pour développer notre science de la nature suivant un principe différent, celui des causes finales, sans préjudice cependant à celui du mécanisme de sa causalité. De plus la question ne se trouve nullement ainsi tranchée de savoir si quelque chose dont nous jugeons d'après ce principe est une fin *intentionnelle* de la nature (1)... » « Nous rattachons ainsi à un système de fins les objets qui (par eux-mêmes ou par leurs rapports de finalité avec d'autres) n'exigent pas que nous cherchions un principe de leur possibilité au delà du mécanisme de causes agissant aveuglément. En effet la première idée, en son principe même, nous conduit déjà au delà du monde sensible, puisque l'unité du principe supra-sensible ne doit pas être regardée comme s'appliquant de cette manière à certaines espèces d'êtres naturels seulement, mais à l'ensemble de la nature, en tant que système (2). » « Les caractères de la nature qui se démontrent *a priori*, et dont, par conséquent, la possibilité se révèle grâce à des principes universels, sans aucune intervention de l'expérience, comportent il est vrai une finalité technique mais, comme ils sont absolument nécessaires, on ne peut les rapporter à la téléologie de la nature, en tant que méthode ressortissant à la physique pour résoudre les problèmes de la nature...

(1) *Op. cit.*, p. 379, ll. 10-78 ; J. Barni, pp. 38-39.
(2) *Ibid.*, pp. 380, l. 29 ; 381, l. 7 ; J. Barni, pp. 41-42.

Mais bien qu'ils méritent d'être pris en considération dans la théorie universelle de la finalité des choses de la nature, cette théorie relèverait d'une autre science, la métaphysique, et ne constituerait pas un principe inhérent à la science de la nature ; quant aux lois empiriques des fins de la nature dans les êtres organisés, il n'est pas seulement permis, il est inévitable d'employer le *mode de jugement* téléologique comme principe de la doctrine de la nature considérée dans une classe particulière de ses objets (1). »

Après avoir délimité critiquement son sujet d'une manière caractéristique, Kant arrive enfin à cette conclusion que nous parlons de l'agencement de la nature comme si celle-ci suivait un dessein, mais reconnaissons en même temps qu'il n'y a point de dessein au sens propre du terme. Ainsi se termine la première partie de la *Critique* du Jugement téléologique. Kant aborde ensuite la *Dialectique* du jugement téléologique, qui s'ouvre par les deux maximes de jugement : « Toute production des choses matérielles et de leurs formes doit être jugée possible selon des lois purement mécaniques », et « quelques productions de la nature matérielle ne peuvent être jugées possibles selon des lois purement mécaniques ; le jugement que nous en portons exige une tout autre loi de la causalité, à savoir celle des causes finales (2) ». Ces deux maximes, si on en fait des principes objectifs, sont, à son avis, clairement contradictoires et l'une est nécessairement fausse. Mais en tant que simples maximes de jugement, il déclare qu'elles n'impliquent aucune contradiction de fait.

(1) *Op. cit.*, p. 382, ll. 16-24 ; J. BARNI, pp. 44-45.
(2) *Ibid.*, p. 387, ll. 3-9 ; J. BARNI, p. 52.

Considérée comme principe objectif, la cause finale ne peut trouver place dans la philosophie de Kant, pour la raison qu'une chose en tant que but poursuivi par la nature est objectivement inexplicable. « Il est clair qu'elle n'est pas susceptible d'être prouvée, puisque, en tant que concept d'une production de la nature, elle implique à la fois la nécessité de la nature et la contingence de la forme de l'objet (relativement aux pures lois de la nature), pour le même objet considéré comme fin. Par suite, s'il n'y a point là de contradiction, elle doit contenir un principe de la possibilité de la chose dans la nature, et aussi un principe de la possibilité de cette nature même, et de son rapport à quelque chose qui, n'étant pas la nature connaissable empiriquement (quelque chose de supra-sensible), n'est par suite aucunement connaissable pour nous (1). » Ou, en termes plus concrets : « Comment puis-je mettre au nombre des produits de la nature des choses qui sont nettement données pour des productions d'un art divin, alors que c'est justement l'impuissance de la nature à produire de pareilles choses suivant ses lois propres qui nous a contraints d'invoquer une cause différente d'elle (2) ? »

Donc, suivant Kant, l'agencement le plus complet ne saurait au mieux rien prouver de plus que ceci : l'entendement humain ne peut concevoir un monde semblable au nôtre autrement que comme le produit d'une cause suprême agissant suivant un dessein. Mais il croit que nous sommes amenés à cette même position rien que par nos conclusions téléo-

---

(1) *Op. cit.*, p. 396, ll. 25-34 ; J. BARNI, p. 70.
(2) *Ibid.*, p. 397, ll. 23-26 ; J. BARNI, p. 72.

logiques restreintes. Cette thèse, identique à celle de Hume, est finalement formulée ainsi : « Il nous est impossible de penser et de rendre intelligible la finalité qui sert nécessairement de base à notre connaissance de la possibilité interne de beaucoup de choses naturelles, autrement qu'en nous la représentant, ainsi que le monde en général, comme une production d'une cause intelligente (1). »

Une pareille conclusion peut sembler assez stérile au vulgaire, mais non à Kant, qui avec un enthousiasme insolite énonce ensuite une de ses remarques les plus célèbres : « Il est en effet absolument certain que nous ne pouvons apprendre à connaître adéquatement, et encore moins à nous expliquer, les êtres organiques et leur possibilité interne, par des principes purement mécaniques de la nature ; et l'on peut soutenir hardiment avec une égale certitude qu'il est absurde pour des hommes de tenter quelque chose de semblable, ou d'espérer que dans l'avenir un nouveau *Newton* nous rendra compréhensible la production d'un brin d'herbe par des lois naturelles qu'aucun dessein n'a ordonnées (2). » Ceux qui ont pris Darwin pour le Newton du brin d'herbe se trompent étrangement sur la pensée de Kant, mais toutefois pas totalement, je crois.

La conclusion générale de la *Dialectique* peut à peu près se résumer ainsi : il ne faut pas que la raison perde un instant de vue le principe mécaniste. En effet, notre connaissance de la nature ne progresse aucunement par les explications empruntées aux causes finales, étant donné que nous ne pouvons

---

(1) *Op. cit.*, p. 400, ll. 1-6 ; J. BARNI, p. 76.
(2) *Ibid.*, p. 400, ll. 13-20 ; J. BARNI, p. 77.

jamais connaître leur mode téléologique d'action. Mais, d'autre part, nous ne devons jamais perdre le téléologique de vue. Cet oubli rendrait notre raison chimérique, de même qu'une conception purement téléologique la rend visionnaire. Pourtant les deux principes, de causalité mécanique et de causalité téléologique, ne peuvent être unis. Bien qu'ils soient complémentaires, et nullement contradictoires, ils sont indépendants, de telle sorte qu'une des deux méthodes d'explication exclut l'autre. En somme ils sont hétérogènes ; leur fusion en un principe unique ne peut avoir lieu que dans le supra-sensible ; quant à celui-ci, nous ne pouvons nous en faire aucune conception déterminée, car ce principe est transcendant.

L'organisme présente des difficultés particulières. L'entendement humain est tout à fait impuissant à concevoir l'existence des phénomènes d'organisation comme le résultat de la seule causalité mécanique. Pourtant, il ne faut pas pour autant essayer même en ce domaine de prendre parti contre le principe mécanique. En effet, en admettant que ces choses soient déterminées téléologiquement, nous sommes cependant contraints de les concevoir comme produites mécaniquement. Et quand nous les concevons bien ainsi, nous mettons nécessairement de côté, sans réserve, l'explication téléologique. Cet argument, qui n'a point perdu de sa force, est la véritable réponse mécaniste à toutes les théories vitalistes.

En dernier lieu il faut observer que nous ne pouvons jamais espérer déterminer le rôle que le mécanique joue dans le développement du téléologique dans la nature, mais qu'il nous faut plutôt chercher le mécanique et le téléologique en toutes choses. Et cela est la réponse au mécanisme aveugle.

Incontestablement ces résultats, quelque importants qu'ils soient dans les controverses philosophiques des biologistes théoriciens, peuvent être regardés comme sans importance pour la science même de la nature. Kant a accordé à la causalité mécanique tout ce que l'homme de science le plus intransigeant peut demander pour elle, si le savant ne se change point en philosophe. Mais la science s'était déjà arrogé ces droits. Au plus, Kant a simplement légitimé un fait accompli.

Le but réel de la discussion semble être d'assurer au principe téléologique une semblable indépendance. Ce but, Kant essaie de l'atteindre en retirant complètement la téléologie du domaine du jugement déterminant pour la faire passer dans celui du jugement réfléchissant. Il espère l'y établir dans une sécurité parfaite. Mais elle y reste nécessairement dans l'isolement, séparée de la science de la nature par la philosophie critique elle-même. Pourtant, même les barrières métaphysiques souffrent des injures du temps. Il est très douteux que sur ce point l'entreprise de Kant ait philosophiquement triomphé. Qui dira, en effet, que le système périodique des éléments, ou la seconde loi de la dynamique, ressortit au jugement déterminant plutôt qu'au jugement réfléchissant ? C'est même le contraire qui est évidemment vrai. Pourtant aucun argument ne pourra jamais enlever ces principes à la science de la nature.

De plus, l'hypothèse de la sélection naturelle, en son plein développement, semble jeter le mécanisme et la téléologie dans un nouvel enchevêtrement, non prévu par l'analyse de Kant, et incompatible avec elle. Ainsi, il déclare qu'il n'y a aucun avantage pour la théorie de la nature, ou l'explication mécanique de ses phénomènes au moyen de ses causes efficientes, à les considérer comme liés suivant des rapports de finalité. Et pourtant, sans cette considération, l'idée de la sélection naturelle n'aurait jamais pu surgir, car seul le jugement téléologique nous dit qu'il existe des choses méritant le nom d'adaptations, et c'est seulement après avoir constaté leur existence que nous pouvons prouver que ce sont des produits mécaniques. Selon la conception de Kant, le passage de formes organiques existantes à des formes nouvelles doit toujours être considéré comme résultant de l'intention qui se trouve en elles, conformément à celle-ci. Dans une pareille conception, il n'y a point de place pour la sélection naturelle par les variations fortuites.

Une conception vague de l'évolution mécanique n'est cependant pas absente de l'esprit pénétrant de Kant (1), et il résout la difficulté en faisant remonter jusqu'à une période antérieure l'origine du téléologique, à la façon même de Leibniz et de beaucoup d'autres. Ainsi il arrive à l'harmonie préétablie, en tant qu'appliquée à l'évolution organique, et, comme moyen de représenter l'évolution, aux idées de Blumenbach sur la théorie de l'épigénèse. Mais de même qu'il n'y a pas de place dans sa pensée pour la création des adaptations par l'effet du hasard seul, de même, *a fortiori*, la génération spontanée est incompatible avec ses idées : « Que la matière brute se soit originellement formée elle-même suivant les lois mécaniques, que la vie soit sortie de la nature morte, que la matière ait pu prendre spontanément la forme d'une finalité qui se conserve elle-même, c'est ce qu'il [Blumenbach] déclare à juste titre absurde (2). »

(1) *Op. cit.*, pp. 417 et sqq.; J. BARNI, pp. 109 et sqq.
(2) *Ibid.*, p. 424, ll. 24-28; J. BARNI, pp. 121-122.

Dans tout le cours de son travail, Kant fait de grands mais vains efforts pour convertir son concept de la téléologie universelle en une théorie plus synthétique qui représente de façon ou d'autre l'ensemble de la nature sous la forme d'un organisme. Il abandonne enfin sa tentative et s'attache à l'homme et aux affaires humaines. Nous n'avons pas à le suivre sur ce terrain.

Telle est, dans la mesure où je la comprends, la substance de cette œuvre célèbre. Je l'ai exposée, non parce qu'elle offre de l'importance pour mon dessein, mais parce que je n'avais pas de motif suffisant pour la laisser de côté. Kant nous a, il est vrai, révélé les démarches de l'entendement humain à l'œuvre sur les problèmes du mécanisme et de la téléologie. Il nous a mis en mesure de prendre conscience de notre esprit dans cette tâche difficile. Mais à tous autres égards il a laissé la question exactement où Hume l'avait laissée. Du problème de la téléologie de la nature le dessein est éliminé et avec lui la théologie. L'organisation demeure. La téléologie universelle demeure. Et elles ont toutes deux tendance, à mesure que la science progresse, à reculer jusqu'à l'origine même des choses.

La science n'a jamais prêté beaucoup d'attention aux spéculations de Kant relatives au jugement. Elle néglige la distinction métaphysique entre le jugement déterminant et le jugement réfléchissant, tout de même qu'elle néglige la distinction métaphysique entre le temps et l'espace, d'une part, et la matière et l'énergie, de l'autre. Admettant que ce peuvent être des discriminations valables en ce qui concerne les opérations de la raison, le savant se sert de sa raison telle quelle, tout comme de son appareil sensoriel.

La conclusion de Kant n'est autre que la formulation métaphysique, suivant les principes particuliers de sa philosophie critique, d'une distinction entre les explications mécaniques et les explications téléologiques qu'Aristote, Bacon et d'autres grands prédécesseurs de Kant avaient, avec plus ou moins de succès, cherché à établir. Je ne doute pas qu'elle puisse être regardée comme une véritable découverte métaphysique. Pourtant, depuis des temps immémoriaux, une conception vague de cette distinction gouverne en fait la recherche scientifique. Depuis le XVIIe siècle, il n'est plus jamais question de mêler le jugement téléologique aux recherches de la science physique. On peut trouver un signe de ce progrès de la méthode scientifique dans le fait que le pieux Newton exclut rigoureusement des *Principia* toute allusion aux causes finales. Le scolie final, « Sur la divinité éternelle par qui l'univers existe », qui fut ajouté à la seconde édition, confirme ce point. En outre, dans sa première règle du raisonnement en philosophie, Newton déclare que nous ne devons pas supposer des causes en plus grand nombre qu'il n'est suffisant et nécessaire pour l'explication des faits observés (1). Cette règle ne fut pas formulée, je crois, afin d'exclure les causes finales, mais elle ne pouvait être énoncée ainsi que par quelqu'un qui les négligeait sans autre forme de procès. Ainsi, même à l'époque de Kant, la science physique authentique, à la différence d'une théologie naturelle bâtarde, ne pouvait s'intéresser à de pareilles spéculations, car elle avait, tout autant que les mathématiques elles-mêmes, depuis longtemps oublié les causes finales.

---

(1) *Principia*, éd. Thomson, et Blackburn, Glasgow, 1871, p. 387.

En biologie l'influence de Kant n'a guère laissé de trace durable. Le concept de fonction, naïvement conservé comme guide dans la recherche, a résisté à tous les orages. Le physiologiste dans son laboratoire ne se demande pas si cette idée est affaire de jugement réfléchissant. Cela lui est indifférent. En général les fonctions ne provoquent dans son esprit pas plus de doutes philosophiques que l'énergie ou le courant électrique. Il se contente de continuer à les étudier. Ainsi, avouons-le, il applique les préceptes de Kant, car toutes ses investigations sont rigoureusement physiques et chimiques, mais il est absolument indifférent à toute considération de ce genre. Il suit l'exemple de Harvey ; son déterminisme, presque dans tous les cas, est celui de Leibniz ; et pour lui, « jugement » évoque si peu quelque chose de métaphysique qu'en anglais, le mot signifie plutôt la sagacité qu'un des éléments constitutifs de la raison humaine. Ici, comme dans la science physique, c'est l'ancienne distinction vague, non le produit raffiné de la métaphysique kantienne, qui détermine le cours des événements.

Il est un autre fait plus important, comme moyen d'apprécier l'influence de Kant, que ces caractères bien connus de la recherche scientifique. On se rappellera que, lorsque Leibniz l'affirma, le principe de la causalité mécanique absolue fut établi. A la vérité aucune affirmation de ce principe n'était réellement nécessaire à son établissement, car il était déjà impliqué dans les principes de la dynamique, et il exprime sans aucun doute une tendance inévitable de l'esprit (1). Mais, bien que la causalité mécanique puisse

(1) MEYERSON, *loc. cit.*

être aisément détachée de toutes les conceptions téléologiques, les formes téléologiques, comme Kant l'explique parfaitement, comportent toujours des enchaînements de causalité mécanique. Pour cette raison, Kant a été impuissant à faire ce qu'avait fait Leibniz. Bien que nous puissions facilement séparer le mécanique du téléologique, nous ne pouvons à aucun prix séparer le téléologique du mécanique, si nous voulons le concevoir scientifiquement. Ainsi, malgré Kant, lorsque la recherche scientifique emploie des concepts téléologiques tels que fonction, adaptation, aptitude ou sélection naturelle, elle est obligée de les regarder comme de même nature que le mécanisme. Je crois que l'organisation a fini par devenir une catégorie analogue à celles de matière et d'énergie.

S'il en est ainsi, la thèse de Kant est tout entière jugée et condamnée. Le fait est que pour la science, l'idée d'organisation, comme celle d'énergie, s'établit grâce à un processus inductif. Elle est aujourd'hui un élément constitutif de la description théorique de la nature, original il est vrai, mais entièrement homogène aux autres éléments de cette description. En résumé, sur le seul point où les concepts téléologiques ont toujours été inévitables, la science moderne de la nature s'en tient fermement à la conception qu'Aristote élabora comme biologiste, et ne se laisse pas troubler par les critiques de Kant. Cette tâche destructive de la science s'achève par l'établissement de principes tels que ceux de Carnot et de Mendéléev, mentionnés plus haut, qui sont à la fois le produit du jugement réfléchissant, selon l'analyse de Kant, et, de l'avis général, parties intégrantes de la science physique.

CHAPITRE IV

LA BIOLOGIE

Du point de vue historique, le résultat le plus frap‐
pant des efforts de Kant fut de diviser bientôt les pen‐
seurs de son pays, et moins nettement ceux du monde
entier, en deux partis : les philosophes et les savants.
Assurément c'était là une phase inévitable de l'évolu‐
tion intellectuelle. Mais elle se serait difficilement
produite d'une façon aussi précise sans l'influence des
systèmes des philosophes de la nature (1) et de Hegel,
qui dérivent de Kant, les uns et les autres. La réac‐
tion consécutive de la science contre la métaphysique
fut violente et eut naturellement certains effets fâ‐
cheux. Mais bien qu'elle manquât dans une certaine
mesure de critique, elle était fondée, dans l'ensemble,
et fut certainement très favorable aux progrès de la
science de la nature au milieu du xixe siècle. Pour
un temps cette tâche de la philosophie, qui consiste
à découvrir des concepts et à déterminer leur rôle
comme principes régulateurs de la recherche scien‐
tifique, se trouvait accomplie. Par suite, l'histoire de
la science au xixe siècle offre peu de marques d'une

(1) *Naturphilosophen.*

influence philosophique, et celles que l'on constate sont presque toutes de date ancienne.

Le problème de l'agencement, en particulier, avait été traité philosophiquement d'une façon tout à fait satisfaisante pour les besoins du chercheur scientifique contemporain. Il était autorisé à postuler dans la nature tout entière le déterminisme mécanique absolu. Sur cette base, il lui était loisible d'étudier toutes choses du point de vue de la science physique. Mais pourtant, lui disait-on, l'organisation est un concept auquel le biologiste ne saurait échapper, et ce concept ne peut être *pensé* qu'à l'aide d'idées téléologiques et non mécaniques. Ce qui est organisé, la structure, le processus, est, il est vrai, exclusivement mécanique, mais, comme l'idée de beauté, l'idée d'organisation n'est en aucun sens un concept mécanique. Enfin il y a dans l'univers quelque chose, nous ne savons quoi, qui conduit tous les hommes, les plus religieux comme les plus matérialistes, à employer le mot de nature. Cette notion ne saurait non plus, sous aucun prétexte, intervenir dans le travail scientifique. Et pourtant elle suggère la possibilité lointaine que nous trouvions un jour dans l'univers un fil conducteur qui nous amènera à concevoir la nature comme un tout, un peu comme nous concevons maintenant l'organisme. J'ai exprimé ces idées sous une forme moderne afin qu'elles soient plus clairement intelligibles. Mais elles étaient toutes accessibles aux hommes d'il y a un siècle.

Il y avait aussi des raisons philosophiques, encore qu'incontestablement superflues, qui pouvaient légitimer l'étude scientifique du développement de ce que nous regardons comme téléologique. Kant n'avait reconnu cette possibilité qu'avec de graves réserves, mais Hume n'en avait admis aucune.

Dans ces conditions, nous pouvons aborder l'examen de la fortune de ces idées dans l'histoire scientifique du xixe siècle, en laissant de côté l'histoire indépendante de la philosophie, de la philosophie allemande, en particulier. En France et en Angleterre jamais une hostilité aussi complète ne régna entre les savants et les philosophes, car les savants de ces deux pays ne gardaient pas l'amer souvenir d'avoir été asservis à l'autorité de la métaphysique. Par suite, les philosophes anglais et français sont en relation plus intime avec la science du xixe siècle. Ce fait tient naturellement dans une très large mesure à ce qu'en général, ils n'adoptèrent pas, surtout dans la première partie du siècle, les conceptions et les méthodes de l'idéalisme allemand. Pour terminer, quelques résultats des spéculations de Hegel et d'autres produits de l'école allemande devront être étudiés. Ils ont finalement trouvé place dans notre présente analyse du problème téléologique, tel qu'il se présente au naturaliste. Mais il n'est pas nécessaire d'en suivre le développement historique.

Jusqu'à l'époque de Lotze, la science n'a plus de rapports avec la philosophie allemande. Lotze revint à une position presque identique à celle de Leibniz, bien que l'établissement des principes de la thermodynamique eût modifié sa façon de concevoir la détermination mécanique. Il entra d'abord en relations amicales avec la science en fondant une critique de la philosophie de la nature, si méprisée, sur la base de connaissances scientifiques larges et approfondies, surtout dans le domaine des sciences médicales. Il aborda ensuite les concepts téléologiques et les réexpliqua à une génération de chercheurs qui ne s'étaient pas donné personnellement la peine d'analyser des problèmes auxquels ils ne pouvaient échapper. Mais Lotze fut dans son époque une figure assez isolée, et bien qu'il ait influencé un certain nombre d'esprits supérieurs, il ne créa point de courant de pensée aisé à reconnaître. Au vrai, en ce qui concerne les éléments du problème téléologique, il ne dit rien de bien nouveau.

Une influence plus importante que celle des philosophes allemands fut celle de Gœthe, qui est bien au-dessus de n'importe quel successeur de Kant par la pondération et la vision presque instinctive du vrai. En tant que poète philosophique de la nature il devait longtemps, sinon d'une façon permanente, tenir le peuple allemand attaché à concevoir la nature comme téléologique, conception qui participe un peu du véritable esprit de la Renaissance. Ses travaux scientifiques eurent aussi de l'importance. Il surpassait en sagacité les savants contemporains, tel Humboldt, presque autant qu'il surpassait Schelling en intuition philosophique. Aussi, du moins en Allemagne, là où avaient échoué les influences philosophiques, les conceptions non systématiques de Gœthe ont largement agi. Cela était bien nécessaire car, chez les compatriotes de Gœthe, les excès chimériques du matérialisme ont au moins égalé les excès visionnaires de l'idéalisme.

En somme, ni Gœthe ni Lotze, ni même Mill, Spencer ou Comte ne modifièrent sérieusement l'évolution de la pensée scientifique, qui devient maintenant notre objet principal.

Inutile de dire qu'il s'agit surtout du développement de la biologie. Au XIXe siècle, le concept d'organisation apparaît pour la première fois en tant que postulat explicite de la recherche scientifique.

Il n'y a jamais eu de période où l'idée de fonction ait été absente de l'investigation physiologique. Et ce

serait une tâche presque impossible de suivre la transformation de cette idée, avec l'élargissement de
l'expérience, en l'idée plus vaste d'organisation. Provisoirement, il peut donc suffire de noter l'emploi conscient et voulu de la seconde de ces idées dans la « loi
de Cuvier ». Selon cette hypothèse il est possible
après une étude attentive d'une partie quelconque
d'un animal, par exemple une dent, de reconstituer
l'ensemble. Rien ne pourrait répondre plus parfaitement
à la position originale d'Aristote, touchant la relation
organique entre les parties et le tout.

Cette hypothèse doit être regardée comme une
induction tirée de la méthode nécessaire en paléontologie. Bien qu'elle ne soit pas soutenable en tant que
principe rigoureux et universel, elle est solidement
établie sur les études paléontologiques personnelles de
Cuvier, et sur le vaste édifice de son anatomie comparée.
Cuvier, cependant, fut toute sa vie l'adversaire de la
théorie de l'évolution. Il échoua par suite à représenter son idée sous son vrai jour, en tant qu'impliquée
nécessairement dans la continuité historique des formes
de la vie. Sous ce second aspect, elle a rendu de grands
services dans l'un des principaux domaines de recherche développés par les théories darwiniennes, et
ainsi elle n'a jamais cessé d'être une préoccupation
constante de la biologie. Sous cette forme spéciale,
l'idée d'organisation domine toute la biologie moderne.

La physiologie tarda davantage à poser le principe,
parce que l'activité organique est plus malaisée à
définir et à décrire. Du moins, dès l'époque de
Johannes Müller, l'idée était clairement comprise (1).
Mais ce ne fut qu'après la fondation de la *morpho-*

<hr>

(1) Du Bois-Reymond, *Reden*, III, p. 217.

logie expérimentale qu'elle devint ouvertement un principe directeur de la recherche physiologique. Les spéculations de Von Baer eurent une influence très importante pour ce résultat. Il se préoccupait toutefois moins des grandes questions que de l'étude du simple concept de téléologie en tant qu'élément nécessaire de la pensée scientifique. Pour lui la *téléophobie* des savants de son temps n'est qu'un préjugé vulgaire, reposant sur la vieille idée fausse que, d'une manière ou de l'autre, la conception téléologique trouble l'explication mécanique. Il est convaincu que « toute nécessité, toute contrainte dans la nature conduit à des fins, et toute tendance vers des fins se réalise uniquement par la nécessité et la contrainte (1) ». La difficulté fondamentale de ses contemporains est par conséquent qu'ils ne comprennent pas la pensée de leurs prédécesseurs : Aristote, Bacon, Descartes et Leibniz. C'est celle-ci, sous sa forme la plus simple, qu'il adopte.

Mais il se trouve une autre difficulté dans la terminologie de la langue allemande. Le mot *zweckenmæssig* dit trop, parce qu'il introduit dans le *téléologique* l'idée d'une intention, d'un dessein conscients. C'est ce que Von Baer ne peut admettre, comme savant. Il fabrique donc le terme *zielstrebig.* Car l'existence de fins dans la nature est aussi certaine pour lui, même comme homme de science, que celle d'un dessein conscient est illusoire. Cette position, radicalement antikantienne, est formulée ainsi : « Je ne puis m'empêcher d'exprimer la conviction que la recherche scientifique, pour autant qu'elle établit l'existence d'une harmonie entre les diverses forces de la nature, nous amène et

(1) Von Baer, *Reden,* II, p. 234.

doit nous amener à reconnaître un principe général et ultime (*Urgrund*) de celle-ci (1). » Il est intéressant de remarquer que Hegel était longtemps auparavant parvenu à une conception analogue (2).

A certains égards ces opinions de Von Baer n'ont pas été généralement approuvées par les hommes de science. Mais elles ont grandement renforcé le point de vue téléologique en physiologie, car son nom reste glorieusement attaché à la fondation de la biologie moderne.

Ces thèses une fois établies, Von Baer aborde le problème de l'organisation, et développe complètement les concepts nécessaires. Il est curieux qu'il semble attacher moins d'importance à cette idée qu'à celle de *Zielstrebigkeit*. Peut-être n'a-t-il pas vu combien le plus large de ces deux concepts pouvait être utile dans la recherche. Néanmoins, l'idée vraiment aristotélicienne de la téléologie interne de l'organisme est à la base de sa philosophie biologique (3). Lui et Bichat sont les premiers *organicistes* (4). Leur successeur est Claude Bernard. Ce grand homme, dont les recherches purement mécanistes sont devenues le fondement de maintes parties de la physiologie, exerça avec persévérance toute son influence en faveur de l'idée d'organisation. Il reconnut dans l'animal une idée directrice et organisatrice, et y insista à maintes reprises (5). Pourtant son analyse du problème, comme

---

(1) *Op. cit.*, II, p. 77.
(2) Cf. J. S. HALDANE, *Mechanism, Life and Personality*. Londres, 1913.
(3) *Loc. cit.*, II, p. 188.
(4) Il est peu exact de les faire descendre de Descartes, comme M. DELAGE (l'*Hérédité*, p. 403). Ils viennent évidemment d'Aristote; les changements qu'ils ont apportés à sa conception sont le résultat nécessaire des théories physiques modernes.
(5) *Introduction à la Médecine expérimentale*, p. 162.

celle de Von Baer, n'était pas complète. Bien que, comme tous les autres physiologistes, il employât l'idée d'activité fonctionnelle comme guide dans la recherche, bien qu'il connût fort bien la méthode de Cuvier en paléontologie, son souci légitime de l'intégrité de la méthode physiologique l'amena à tort à déclarer que : « La force évolutive métaphysique par laquelle nous pouvons caractériser la vie est inutile dans la science, parce que, existant en dehors des forces physiques, elle ne peut exercer sur elles aucune influence (1). »

C'est là, chose étrange, l'erreur même de Kant. C'est comme si l'on déclarait que l'idée du système périodique des éléments est inutile à la science, parce que, existant en dehors des forces physiques, il ne peut exercer sur elles aucune influence. Ce que Claude Bernard savait bien, mais échoua à montrer ici, c'est que l'organisation, comme la seconde loi de la thermodynamique, est une condition des phénomènes physico-chimiques qui étaient l'objet de ses investigations. Quelquefois, cependant, il formula plus exactement les choses.

Pendant les dernières années de Von Baer et de Claude Bernard, les idées de Darwin accomplissaient une révolution en biologie générale. Ce ne fut pas le moindre de ses résultats que d'établir, au moins temporairement, les adaptations comme la plus positive des réalités. Pourtant une adaptation ne peut se définir qu'en termes d'organisation. Selon la conception darwinienne orthodoxe elle est ce qui contribue à la conservation du tout. Il n'y a rien dans son caractère purement physique qui nous permette de la recon-

____

(1) *La Science expérimentale,* 3ᵉ éd., p. 211.

naître comme adaptation. Sa fonction seule révèle sa nature véritable.

Avec le temps quelques-unes des positions originelles de Darwin se sont affaiblies, et les théories extrêmes de ses disciples ont été démolies. Il résulte de là que cette manière de concevoir l'adaptation est un peu démodée. Mais elle a bien assez duré pour laisser sa marque sur plusieurs parties de la science. Et il est très douteux que quelqu'un ait un jour la hardiesse de rejeter à nouveau l'idée de fonction, ou de nier ce qu'elle implique nécessairement.

En même temps, un certain nombre de branches indépendantes d'investigation sont sorties des recherches de Darwin. L'une des plus intéressantes est l'étude de la morphologie expérimentale, dont le professeur Wilhelm Roux est l'initiateur. Elle semble être sortie, partiellement au moins, de la réalisation d'un programme de recherches fondé sur l'analyse quasi-philosophique des caractères de la vie par Roux (1).

Ce processus est une vraie curiosité dans l'histoire de la science. Selon Roux, l'être vivant peut se définir : un objet naturel possédant les neuf activités autonomes caractéristiques qui suivent : changement autonome, excrétion autonome, ingestion autonome, assimilation autonome, développement autonome, mouvement autonome, multiplication autonome, transmission autonome des caractères héréditaires, et évolution autonome. Cette définition, de l'aveu même de Roux, s'apparente étroitement à la célèbre conception spencérienne de la vie comme : « L'ajustement continu des relations internes aux relations externes (2). »

(1) *Der Kampf der Teile im Organismus.* Leipzig, 1881.
(2) *Principles of Biology.* Édit. revue, 1900, p. 123.

L'étude consacrée par Roux à la question était indépendante de l'influence de Spencer, et, dans la spéci-
fication qu'elle donne des conditions, son analyse
possède certains avantages sur l'exposé plus abstrait
du philosophe anglais. Mais, du point de vue de la
science physique, elle présente de grands défauts de
méthode et elle n'a jamais été regardée comme constituant mieux qu'un exposé préliminaire des divers
aspects physiologiques du fait de l'organisation.

Ce qui a donné aux investigations de Roux leur
valeur et leur influence, c'est qu'elles apportent une
discrimination provisoire des activités organiques
comme base de l'étude physiologique expérimentale
de l'organisation elle-même. De ce point de vue, les
services rendus par Roux à la biologie apparaissent
permanents et importants. Avec la fondation de la
morphologie expérimentale, le problème de l'organisation trouve sa place légitime dans les recherches
physiologiques. Les résultats expérimentaux de cette
science nouvelle prouvent clairement que cette place
est désormais assurée.

Cette partie de la science s'est développée d'une
façon indépendante, et c'est seulement dans ces dernières années que l'on peut observer son influence
sur la science ancienne, la physiologie. Les physiologistes, dans leurs recherches particulièrement abstraites
et analytiques, se sont d'ordinaire occupés exclusivement des phénomènes physiques et chimiques. Au
rebours des disciples de Roux, ils se sont attachés
aux choses organisées que renferme l'être vivant
plutôt qu'au fait de leur organisation. Leur méthode
même de recherche, qui prend pour point de départ
une analyse préliminaire des facteurs de l'organisation,
a obscurci le problème biologique général.

Finalement les recherches de Pavlov sur les glandes
de la digestion, l'étude des sécrétions internes et des
hormones, les recherches de Sherrington sur l'action
intégrante du système nerveux (1), l'étude des émo-
tions par Cannon (2), et beaucoup d'autres recherches
indépendantes ont déblayé le terrain, et aujourd'hui
l'étude physico-chimique du problème de l'organisation
est généralement reconnue, quoique d'une manière
un peu vague, comme le but dernier des recherches
physiologiques (3).

Dans l'étude du métabolisme, qui a également
reçu un développement indépendant, l'idée d'organisation domine depuis longtemps les recherches.
Cela est dû au fait que le concept d'équilibre ne saurait y être évité. Dès les débuts de cette science, on
découvrit qu'un organisme normal se trouve dans un
état d'équilibre azoté. C'est-à-dire que sa composition, quant aux composés azotés, se conserve constamment, grâce à l'action régulatrice d'une longue
suite de processus chimiques infiniment complexes.
D'un jour à l'autre l'ingestion d'azote est approximativement égale à l'excrétion. Un changement dans
l'alimentation provoque parfois un trouble passager
de l'équilibre, mais celui-ci se rétablit bientôt. Les
phénomènes de la croissance et de la maladie comportent des changements plus durables. Alors, à l'aide
d'un procédé de raisonnement calqué sur celui de
la science physique, on déclare que la croissance n'implique rien de plus que d'autres phénomènes sura-
joutés aux conditions sous-jacentes, et modifiant par

(1) New-York, 1906.
(2) *Ibid.*, 1915.
(3) Cf. J. S. HALDANE, *Mechanism, Life and Personality*, Londres,
1913, et mon compte rendu, *Science*, Nouv. Série, t. XLII, p. 378.

là les faits observés de telle sorte que l'état fondamental se trouve partiellement caché. Et la maladie, dans son essence même, est, après tout, un trouble de l'organisation ; en résumé, les maladies métaboliques comportent par définition des troubles d'équilibre, qui peuvent se trouver, ou ne pas se trouver, compensés.

D'autres recherches révèlent des équilibres analogues relatifs au carbone, au soufre, au phosphore, et aux autres éléments. On étend ces résultats aux composés chimiques définis tels que l'eau, le sel, le bicarbonate de sodium, le glucose et le reste. On constate que les équilibres de température, de pression osmotique, d'alcalinité, qui comportent des états physico-chimiques plutôt que des substances chimiques, sont des phénomènes réellement analogues.

En même temps il a toujours été évident que, dans certaines limites, l'existence de ces équilibres est essentielle au maintien de la vie elle-même, et qu'on aurait pu la présupposer. La vraie question a été de définir les fluctuations normales et pathologiques, leur durée, leurs limites et leurs relations avec d'autres phénomènes. En somme, quant à ces problèmes, l'étude du métabolisme a consisté dans un essai pour décrire aussi complètement qu'on le peut, et le cas échéant pour expliquer, les fluctuations des conditions physiques et chimiques approximativement constantes du corps. En d'autres termes, la tâche du chercheur a été de faire connaître les faits concernant la régulation de la constitution physique et chimique ultime de l'organisme. Dans cette entreprise il a toujours tenu compte de l'idée que l'organisme se trouve dans un état d'équilibre dynamique, exactement comme Cuvier l'avait conçu il y a longtemps.

Mais cette idée de régulation, si courante dans les recherches sur la température du corps, et dans beaucoup d'autres problèmes généraux du métabolisme, est justement le concept auquel mènent aussi toutes les autres recherches indépendantes sur l'organisation en tant que problème physiologique. Ainsi Roux a exprimé il y a longtemps, et affirmé récemment de nouveau (1), la croyance que la faculté de régulation autonome possédée par tous ses neuf caractères élémentaires est de beaucoup la plus importante de toutes les singularités de la vie. Par exemple, c'est elle qui rend possible l'adaptation directe au milieu, ou, en d'autres termes, l'acquisition des caractères. De même, l'action des hormones, la fonction intégrante du système nerveux et les phénomènes de l'excitation émotionnelle étudiée par Cannon sont tous des facteurs de régulation.

Il est maintenant possible de reconnaître que la conception spencérienne de la vie comme « ajustement continu des relations internes aux relations externes », si peu satisfaisante soit-elle en tant que définition de la vie même, formule exactement les phénomènes de l'organisation. Quelque vague qu'elle soit, elle est confirmée par les résultats de la morphologie expérimentale, de la physiologie et de la science du métabolisme.

Je serais au regret de donner l'impression que cette idée de régulation est bien définie en physiologie générale. De fait, les notions courantes à ce sujet sont presque toujours assez peu rigoureuses et peut-être partiellement contradictoires. Mais l'idée de régulation est assurément définie avec rigueur dans

_____

(1) *Die Selbstregulation.* Halle, 1914.

certaines parties de la science. Et elle est sans conteste partout en usage.

La définition la plus commode de la régulation est celle de Driesch : « Nous entendrons par régulation tout fait ou groupe de faits qui se produisent dans un organisme vivant après un trouble de son organisation ou de son état fonctionnel normal, et qui amènent la restauration, au moins approximative, de cette organisation ou de cet état (1). » Cette formule, dès le premier regard, apparaît conçue pour les besoins de la morphologie expérimentale, et ne possède par suite point le caractère quantitatif que l'on trouve dans les investigations relatives aux régulations physico-chimiques, telles que la température. Elle suffira cependant à établir ce point, que le concept de régulation est régi par celui d'organisation.

Ainsi, enfin, la conception originelle d'Aristote, la téléologie interne de l'être vivant, qui n'est autre que l'auto-régulation, s'est complètement établie en physiologie.

En même temps une autre branche des recherches biologiques, l'étude du comportement des animaux, qui est une annexe de la psychologie, a entrepris d'examiner systématiquement les phénomènes d'organisation tels qu'ils apparaissent dans les activités intégrales de l'individu.

Parmi les investigations qui ont contribué à ériger les principes de régulation et d'organisation en objets de l'étude physiologique, plusieurs ont eu un résultat inattendu. Elles ont fait surgir une nouvelle doctrine vitaliste, qui trouble les progrès réguliers de la pensée

____

(1) Cette conception est développée dans *Die organischen Regulationen.* Leipzig, 1901.

biologique. Il n'y a pas très longtemps, un pareil
événement eût été jugé absolument impossible. Mais
en réalité, il y a, cachée dans le fait de la régulation,
une énigme plus difficile qu'il ne semble à première
vue. Et graduellement, à mesure que s'opérait le passage des anciennes investigations, purement analytiques, aux recherches modernes, plus synthétiques,
cette énigme s'est révélée.

La grande figure de cette révolution est le professeur Hans Driesch. Sa pensée a pour point de départ
l'idée, dont nous venons d'indiquer la source, que les
phénomènes de régulation montrent « dans la téléologie, une particularité irréductible des phénomènes
de la vie ». Ce point de vue est inattaquable. Mais,
tandis qu'il a conduit la plupart des chercheurs à
redoubler d'efforts en vue d'arriver à une description
mécanique des diverses régulations organiques, Driesch
a voulu tirer de ces descriptions un moyen de démolir la théorie mécanique elle-même. A son avis beaucoup de ces phénomènes de régulation ne pourraient
absolument pas être produits par une machine.

On peut accorder immédiatement que personne n'a
jamais donné une explication mécanique d'un seul
processus de régulation organique. Néanmoins, maints
analogues mécaniques, tels que le thermostat et le
gyroscope, sont bien connus. Pour expliquer l'état
actuel de la question, nous pouvons considérer la
régulation de la température dans le corps humain. Il
existe une description admirable des procédés divers
par lesquels la tendance à une élévation ou à une
baisse de température se trouve contrecarrée. La
conduction, la convection et le rayonnement de la
chaleur, ainsi que l'évaporation de l'eau, tout cela
entre en jeu. Ces phénomènes varient suivant l'état

de l'organisme et du milieu. Le processus est régi d'une manière extrêmement compliquée par l'opération d'activités physiologiques telles que la distribution du sang dans les différentes parties du corps et l'intervention des glandes sudoripares. Au-dessous de ces conditions se trouve à son tour la régulation de la production de la chaleur, qui, suivant les besoins, s'élève et s'abaisse de manière à maintenir l'équilibre. Dans les circonstances ordinaires il se peut que l'oxydation de l'hydrate de carbone intervienne seule dans cette fluctuation ; mais, si l'apport d'hydrate de carbone est insuffisant, d'autres substances sont employées à sa place. En outre, tous ces processus sont enveloppés dans d'autres activités physiologiques, par exemple l'exécution d'un travail mécanique, et sont modifiés par elles.

Il est clair que le physiologiste se trouve ici en face d'une explication mécanique incomplète, mais partiellement valable, d'un élément de l'organisation fonctionnelle du corps humain. Mais comment ce processus est-il régi ? Par quel enchaînement de causalité mécanique une baisse de la température détermine-t-elle un accroissement de la vitesse de l'oxydation ? Cette question, à son tour, n'échappe pas entièrement à nos investigations physiologiques actuelles. Mais tôt ou tard, quand on étudie le problème, on rencontre ce fait qu'un certain organe ou groupe de cellules accomplit ce que requiert la conservation de l'équilibre, en faisant varier les conditions internes suivant la variation des conditions externes, d'une façon que nous ne pouvons jusqu'à présent aucunement expliquer. La même difficulté se rencontre dans l'analyse de toute autre régulation organique, quelle qu'elle soit. Il n'y a aucun phénomène physiologique de régulation dont nous puissions aujourd'hui comprendre l'*autonomie*. C'est la raison invoquée par Haldane pour rejeter le mécanisme.

La distinction dont il s'agit ici n'est nullement aisée à entendre. Dans les recherches qualitatives de la morphologie expérimentale, d'où dérivent les spéculations de Driesch, la difficulté de comprendre comment est limitée notre connaissance s'aggrave. Mais elle demeure même dans les investigations quantitatives de la régulation physico-chimique. Une chose est évidente : nous ne possédons aucun bon moyen d'imaginer une cellule à l'œuvre, et tant que nous ne pourrons le faire, nous ne saurons exactement que penser d'une régulation quelconque. Voilà du moins un fait sur lequel mécanistes et vitalistes peuvent s'entendre.

On dira peut-être qu'en remplissant des fonctions telles que l'ajustement des processus régulateurs, les cellules semblent agir comme si elles étaient gouvernées par quelque chose qui ressemble de loin à l'intelligence, mais qui est en réalité d'une efficacité bien supérieure, en ce qu'il opère nécessairement, suivant les besoins du moment, sans être guidé par une expérience antérieure, et sans ces erreurs de jugement qui ne sont que trop communes dans l'action volontaire. Telle est l'entéléchie de Driesch. Il donne pour couronnement à son effort, en vue de prouver l'existence de l'entéléchie dans l'organisme, ce qu'il considère comme une démonstration que le mécanisme est nécessairement incapable de déterminer certains des phénomènes de la régulation organique. En l'absence d'une claire intelligence de l'action des mécanismes cellulaires, un pareil effort est, ce me semble, évidemment vain. Il se peut qu'il apporte une conviction à ceux qui étaient déjà prédisposés en sa faveur, mais nul autre ne saurait accepter ce raisonnement, et un adversaire le regardera toujours comme sans valeur.

Les adversaires de Driesch sont à certains égards mieux armés que lui pour la controverse, parce qu'ils peuvent faire appel à l'autorité des principes généraux de la science. Il y a, par exemple, la théorie de la sélection naturelle. Elle a déjà beaucoup contribué à ruiner les anciennes spéculations vitalistes. Elle entreprend de révéler, dans le passage des formes les plus simples de la vie à toutes les formes les plus complexes, le résultat d'un processus purement mécanique. Quiconque l'accepte pourra être disposé à regarder l'organisme originel lui-même comme revêtu d'une forme stable, selon ce principe de la survivance d'un équilibre dynamique, déjà admis par Hume (1).

De ce point de départ pourrait sortir l'évolution selon Darwin. Telle semble être la pensée de Roux. Il est, en effet, possible d'appliquer l'idée de Hume à n'importe quel autre système matériel comme on l'a appliquée, sous une forme raffinée, à l'organisme. Mais cette critique de Driesch n'est pas décisive. En premier lieu, elle comporte une pétition de principe, puisque la nature des régulations est en jeu dans le problème de l'évolution. D'ailleurs il est évident aujourd'hui que nous n'avons pas le droit de regarder nos théories mécaniques existantes comme suffisantes pour expliquer complètement le processus évolutif. Et enfin toute théorie sur l'origine de la vie n'est qu'une conjecture sans fondement.

Mais il y a une objection bien plus grave contre le

____

(1) V. plus haut, p. 43.

vitalisme. Les principes modernes de la science physique semblent, plus explicitement que jamais, nous contraindre à reconnaître une nécessité mécanique absolue en toutes choses. Il se peut que nous ne comprenions pas les régulations organiques, ou l'évolution organique, ou l'origine de la vie; en fait, nous sommes encore incapables de nous représenter avec la clarté nécessaire la structure d'une cellule ; pourtant toutes ces choses-là sont bien des phénomènes. En tant que phénomènes, elles sont soumises aux lois qui gouvernent tous les phénomènes, c'est-à-dire aux deux lois de la thermodynamique. En effet, les lois de la conservation et de la dégradation de l'énergie ont depuis longtemps supplanté la rudimentaire idée leibnizienne de la conservation de la force vive, comme base de notre conception de la causalité nécessaire.

Or, les lois de la thermodynamique ont pour objet toutes les formes de l'activité, non seulement la force mécanique, mais la chaleur, la lumière, l'électricité et les autres, en toutes sortes de systèmes matériels, non seulement dans les masses en mouvement, mais dans les gaz, les machines électriques, les machines à vapeur et toutes les autres. Nous avons quantité de preuves expérimentales montrant qu'elles sont valables pour l'organisme vivant. Et l'on croit qu'elles comportent partout cette même détermination mécanique absolument nécessaire que Leibniz avait postulée pour des raisons beaucoup moins solides.

Il importe de comprendre le fondement de la croyance à la détermination mécanique, qui semble être celui-ci : le monde de la science physique consiste en matière et en énergie qui existent dans l'espace et dans le temps ; en tout cas particulier, ces quatre choses doivent toujours être représentées par des termes mathématiques qui sont reliés fonctionnellement ensemble dans les équations exprimant les lois de la science physique. Cette relation fonctionnelle, bien qu'elle soit souvent inconnue, est regardée comme étant déterminée par les lois avec rigueur et sans équivoque. Par suite, conformément aux lois de la conservation et à la seconde loi de la thermodynamique, le non-mécanique, c'est-à-dire tout facteur qui est non-matériel, non-énergétique, non-spatial et non-temporel, ne peut entrer dans un processus physique ou chimique ni le modifier. Ainsi les processus « vitaux » ne peuvent pas plus modifier la détermination mécanique que les processus mécaniques ne peuvent modifier la détermination géométrique, et le mécanisme est conçu comme étant non moins absolument une condition de la vie que la géométrie l'est de la mécanique.

Cette difficulté n'échappe pas à Driesch. Pour en sortir il suggère que l'entéléchie opère peut-être en suspendant, si l'occasion l'exige, l'opération de la seconde loi de la thermodynamique. Cette théorie est ingénieuse, mais je la crois insoutenable. En fait elle consiste à appliquer la vieille erreur de Descartes à la sphère des molécules. En effet, le fait de suspendre l'opération de la seconde loi de la thermodynamique équivaudrait précisément à un changement, sans dépense d'énergie, de la direction du mouvement des particules d'un corps matériel. Dans ces conditions un objet tombé par terre pourrait, en se refroidissant, s'élever de nouveau en l'air. Rien ne pourrait être plus radicalement en contradiction avec les principes fondamentaux de la science physique, tels qu'ils sont maintenant généralement admis, que cette hypothèse ou la théorie qu'elle est destinée à appuyer.

Les discussions de Driesch s'étendent aussi à l'action volontaire, qui est le moyen le plus couramment employé pour établir les théories vitalistes. Mais, sauf sur un point important, la base d'une conclusion favorable à l'hypothèse vitaliste est ici identique avec celle qui sert dans le cas de la régulation mécanique. La différence réside dans le fait que nous connaissons l'esprit, mais non l'entéléchie. En fait, tout le monde a conscience de pouvoir à volonté changer le cours des événements mécaniques dans le monde qui l'entoure. Nulle conviction de la vérité des principes de la science physique, quelque solidement fondés qu'ils soient sur la critique scientifique et philosophique, ne pourra jamais déraciner cette croyance. Pourtant il semble qu'il existe un conflit entre elle et les principes de la thermodynamique.

C'est une ironie étrange que les principes de la science semblent contredire la conviction nécessaire du sens commun. N'est-ce pas, en effet, une négation analogue du monde extérieur qui amena les hommes de science à rejeter avec tant de mépris la métaphysique ? Et si l'idéalisme de Berkeley doit être rejeté, pour autant qu'il nie l'existence réelle de nos tables et de nos chaises, les principes de la thermodynamique doivent aussi être rejetés pour autant qu'ils nient la justesse de notre notion de sens commun de l'action volontaire.

Mais une considération d'une autre sorte complique encore ce problème, car la notion de sens commun de l'action volontaire a grand besoin d'être analysée. Le plus élémentaire examen psychologique nous conduit à percevoir que notre choix actif, quand même on le conçoit comme n'étant le résultat d'aucun processus mécanique, n'est pourtant rien moins que libre. Non seulement toute notre expérience passée nous fournit les matériaux de notre choix, mais elle limite rigoureusement celui-ci. En dépit de nous-mêmes, nous agissons toujours suivant notre carac-ractère, et nous ne pouvons éviter de soupçonner que tous les processus mentaux sont probablement déterminés d'une manière définie. Si cela est admis, nous arrivons encore une fois à la conception d'un monde dans lequel tout est, en un sens, nécessité absolue.

Pourtant, même alors, l'énigme psycho-physique demeure. Au vrai, elle n'est pas diminuée, car comment la détermination psychique obtient-elle son effet dans le monde physique? Comment une idée change-t-elle le cours des événements ? La relation entre les deux ordres de faits est-elle une simple illusion ? Y a-t-il simplement une harmonie préétablie entre les deux mondes, absolument indépendants, de l'esprit et de la matière ? L'expérience de plus de deux siècles prouve que le sens commun ne peut tolérer une pareille idée. Mais la science physique semble nier la possibilité de toute autre théorie, à moins que nous n'admettions que l'esprit soit un simple épiphénomène dépendant d'un processus mécanique ayant son siège dans le système nerveux. Ce processus deviendrait alors une partie de l'enchaînement de la causalité physique et la difficulté serait éliminée de la science physique. Mais que devient, dans cette hypothèse, la fonction biologique de la conscience? La conscience ne s'est jamais manifestée dans le processus de l'évolution simplement comme un accompagnement impuissant de l'action réflexe. Évidemment, il y a un postulat néces-saire de la biologie qui déclare que, sous sa forme la plus simple, la fonction de la conscience est la régula-tion des processus réflexes, en vue de modifier d'une façon particulière l'enchaînement de la causalité mécanique. La question est de découvrir comment cela peut le moins du monde constituer, en soi-même, un processus mécanique. La réponse vitaliste est qu'une explication mécanique des phénomènes de l'action volontaire la plus banale est impossible.

Voici comment Driesch conçoit cet argument en faveur du vitalisme : « Toute action réelle est une réponse *individuelle* à une excitation individuelle — fondée sur l'histoire de l'indivïdu.

« Et cette correspondance individuelle, qui se produit sur une base créée historiquement, ne peut être comprise comme étant un cas de causalité mécanique. En effet, il n'y a pas, du côté de l'excitation, une « somme » qui corresponde à une « somme » du côté de la réaction, et de plus les possibilités d'action elles-mêmes ne sont aucunement « préformées ».

« De ce point de vue, le cerveau et le système nerveux apparaissent seulement comme un moyen nécessaire de mettre le facteur « agissant » en relation avec la nature matérielle, mais ils ne sont pas eux-mêmes le facteur agissant (1). »

Ce résultat apparaît en substance identique avec la conclusion donnée par Hobhouse à son analyse attentive du même problème :

« Dans une action intentionnelle simple, dans le cas où j'ai besoin d'un livre que je me rappelle avoir laissé dans un endroit particulier et que je vais chercher, mon souvenir, qui, interprété mécaniquement, doit être un certain résidu de l'effet laissé dans mon cerveau par mes rapports précédents avec le livre, se combine avec mon besoin et avec mon environnement physique de

____

(1) *The History and Theory of Vitalism.* Londres, 1914, p. 213.

manière à déclancher successivement les actes convenables pour la recherche du livre. Ce résidu, assez complexe, puisqu'il faut qu'il corresponde exactement et point par point aux différentes relations physiques entre les pièces de la maison, etc., n'est qu'un entre les millions de résidus que mon expérience a formés. Pourtant il faut s'arranger pour le choisir parmi eux, pour le mettre, lui, et aucun autre, en rapport avec la tension physique, que l'on peut supposer correspondre à mon besoin senti, de manière à effectuer le déclanchement d'une série complexe d'actes successifs. Si nous essayons de formuler un plan général pour la réalisation de ce choix et de cette corrélation, nous constatons que nous parlons d'un état de besoin, que nous cueillons dans l'expérience tout ce qui est propre à le satisfaire, et dirigeons notre action en conséquence. Mais bien que nous puissions trouver des termes différents de ceux-ci, et évitant toute allusion au sentiment ou à la conscience, cette analyse impliquerait qu'il existe là une chose dont les actes sont déterminés par leurs rapports avec leur résultat, c'est-à-dire quelque chose d'intentionnel. Si l'on ôte la notion de la convenance entre moyens et fins, tout est détruit. En résumé, dans l'activité prétendue intentionnelle, nous constatons à maintes reprises qu'un facteur de notre vie (par exemple une expérience) peut être mis en rapport avec un autre (par exemple un besoin) d'une manière qui varie indéfiniment avec chaque cas. Le seul principe qui unisse ces combinaisons, singulières à tous autres égards, c'est celui de la convenance entre la combinaison et le but. Ce principe une fois admis, nous reconnaissons une structure déterminée par une intention. Si nous nions ce principe, nous n'avons plus de plan général expliquant les combinaisons singulières. Le mécanisme est exclu par l'un ou l'autre membre du dilemme.

« L'expérience commune ne favorise donc pas la négation de la causalité intentionnelle ; elle la contredit, et cette négation doit son existence uniquement à la théorie que tout agit nécessairement par les lois mécaniques. Mais cette théorie est une pure hypothèse, qui tire son apparente plausibilité de la confusion avec le principe, bien différent, que tout agit nécessairement suivant une loi. Je crois les grands principes mécaniques complètement prouvés pour le mécanisme et, par suite, pour tout système purement mécanique. Et l'organisme est un système physique ; mais supposer que toutes ses actions se conforment aux lois mécaniques, c'est supposer qu'il est seulement un système physique. La conscience nous informe directement qu'il est plus que cela, qu'il est ... un tout psycho-physique (1). »

Ici je ne puis m'empêcher de penser que Hobhouse a momentanément perdu de vue l'argumentation. La conscience nous informe en effet que l'organisme est plus qu'un système physique ; il est, assurément, un tout psycho-physique. Par suite, certaines de ses actions ne se conforment pas, à proprement parler, aux lois mécaniques (2). Le choix, ou toute autre activité psychique, en fournit un exemple. Mais, même dans ce cas, il faut qu'une autre hypothèse entre en jeu, si l'on affirme que les activités *physiques* de l'organisme, même lorsqu'elles font partie d'activités psycho-physiques, peuvent être expliquées comme ne se conformant pas aux lois mécaniques (3). D'innom-

______

(1) Hobhouse, *Development and Purpose*. Londres, 1913, pp. 325, 326.
(2) Voir cependant plus loin, p. 100.
(3) Cf. le rapport de la géométrie à la mécanique: la mécanique est plus que la géométrie, mais elle n'est jamais antigéométrique.

brables tentatives ont été faites pour les représenter ainsi, et elles ont toutes échoué.

Ce que Hobhouse semble vouloir dire, c'est que, si nous voulons comprendre la véritable nature de l'activité organique, il faut que nous ne nous occupions pas du tout du système physique. En résumé, nous devons adopter la conception de Haldane, à savoir que le concept d'organisation exclut ou élimine en quelque sorte celui de mécanisme, et le contredit. Cette idée semble impliquée dans une déclaration ultérieure :

« A ce compte l'être vivant est regardé comme un système composé de ce qu'il faut bien appeler des forces, système où les relations mécaniques sont modifiées par des relations téléologiques. Quand ces deux groupes de relations sont hypostasiés sous les noms d'Esprit et de Corps, ils deviennent deux substances, et au lieu d'un système dont le mode d'action comme ensemble s'écarte du mode d'action des systèmes mécaniques en vertu de sa qualité spécifique, nous sommes en face du problème de l'interaction entre deux systèmes distincts et séparés, ayant chacun ses lois propres. Si l'on admet l'interaction, on a la conception du corps comme système purement mécanique, dont les opérations cessent soudainement en un point donné, tandis qu'en un autre point elles commencent avec la même soudaineté, l'entre-deux étant rempli par les actions qui ont lieu à l'intérieur de l'autre système. Le corps est ainsi un système purement mécanique qui ne se conforme pas aux lois, pleinement prouvées, on ne le conteste pas, pour les systèmes mécaniques. Pour éviter cette conclusion, il faut admettre que l'Esprit exerce de la force, et subit l'action de la force. Mais l'Esprit était

précisément l'essence concentrée de ce qui s'oppose
à la force. Ainsi la contradiction d'un système purement mécanique, qui n'agit pas mécaniquement, fait
pendant à la contradiction d'un système non mécanique qui, lui, agit mécaniquement. Pour échapper
à ce dilemme, on met en avant la conception du Pa-
rallélisme, suivant laquelle le mental et le corporel se
déroulent côte à côte, en correspondance parfaite, mais
sans interaction. Cette conception, cependant, rend
en réalité superflu l'élément mental. La complexité
du mécanisme suffit pour expliquer les actions des
êtres vivants. D'autre part, l'apparition du courant
psychique en coïncidence avec un certain point du
courant physique, et sa disparition en un autre point,
restent inexpliquées (1). »

Pour autant que je puis comprendre ce problème,
les arguments de Hobhouse, et ceux de Driesch avant
lui, contre le caractère mécanique des processus
mentaux que comporte l'action volontaire, sont pour
l'instant irréfutables. Mais, étant donné notre igno-
rance actuelle des phénomènes sous-jacents, on peut à
bon droit les regarder comme non concluants. En cette
matière nous ignorons tout simplement ce dont nous
parlons. Assurément ces processus ont leur base physique, mais le fait demeure que la science, comme
la philosophie, ne peut considérer les pensées comme
des activités de systèmes matériels. Toutes les tentatives qui ont été faites dans cette direction ne méritent pas le moindre examen. Néanmoins, la biologie
est obligée d'affirmer que les idées, quoi que le philosophe puisse penser d'elles, ont *du moins* une fonction,
et que cette fonction, envisagée psychologiquement, ne

____

(1) Hobhouse, *Development and Purpose*, p. 329, note.

peut être que de régler l'action. Nous arrivons ainsi à la conclusion que les idées, bien qu'elles soient immatérielles et non mécaniques, changent effectivement le cours des processus mécaniques. Nous pouvons espérer qu'avec le temps cette difficulté sera d'une manière ou de l'autre aplanie. En attendant je considère comme vrai que la solution de la difficulté qu'a donnée Hobhouse, comme celles de Lotze ou de Leibniz, est inacceptable pour la science.

S'il en est ainsi, nous sommes en face d'un véritable paradoxe. D'une part, en regardant les phénomènes physico-chimiques, nous déclarons que les principes de la thermodynamique prouvent complètement que le déterminisme mécanique absolu régit les systèmes matériels, de quelque nature qu'ils soient. Si nous passons ensuite aux phénomènes de l'action volontaire, nous ne voyons aucun moyen d'échapper à l'idée que, si le déterminisme est universel, il n'est pas toujours mécanique, du moins au sens strict du mot. Le seul principe de détermination qui agisse sur la suite des événements semble être téléologique. Qui en effet peut oublier le sens commun au point de nier cela dans le cas d'un plan quelconque ? Voilà une contradiction criante.

Ce paradoxe psycho-physique est l'un des plus irritants que l'esprit humain ait jamais construit, et des efforts innombrables ont été faits pour y échapper. L'un des plus curieux est le *tychisme* de Charles Peirce. — Suivant cette idée, les lois de la nature ne possèdent pas un caractère absolu, mais seulement un caractère statistique (1). Les lois de la conservation elles-mêmes

_____

(1) Cela est, bien entendu, la façon dont Maxwell conçoit la seconde loi de la thermodynamique.

ne sont pas des vérités absolues, mais de simples approximations. C'est dans ce caractère approximatif qu'on trouve la possibilité de croire que le psychique peut empiéter sur le physique, que l'esprit peut mouvoir la matière. Une théorie assez analogue, mais plus en accord avec les idées de la plupart des savants, a été proposée par l'éminent physicien mathématique Boussinesq (1). Elle est tirée de la théorie des intégrales singulières dans les équations différentielles. Et elle aboutit à la conclusion qu'il est possible de concevoir des processus mécaniques arrivant à des situations où un nouveau progrès dans telle ou telle direction pourrait être déterminé sans dépense d'énergie. Ainsi l'esprit, bien qu'il n'ait pas d'énergie à dépenser, pourrait déterminer l'issue d'un pareil processus.

Cette idée peut être regardée comme un nouveau développement de la théorie de Descartes, appuyé sur la critique de Leibniz. La principale conclusion est énoncée ainsi : « Les équations de mouvement de l'organe de la pensée admettent donc des intégrales singulières ; et ces intégrales sont, pour le géomètre, l'expression de l'influence du moral sur le physique, le terrain mystérieux où se correspondent et se touchent, en quelque sorte, deux ordres de coexistences perçus cependant comme très distincts : l'ordre géométrique ou matériel, d'une part, étendu dans l'espace; l'ordre psychologique ou moral, d'autre part, comprenant cette riche trame de sentiments, de pensées et de volitions dont les croisements et la succession constituent le merveilleux spectacle de notre vie intérieure.

---

(1) *Conciliation du véritable déterminisme mécanique avec l'existence de la vie et de la liberté morale.* Paris, 1878.

C'est de ce terrain, le seul où il puisse prendre pied sans cesser d'être libre, que l'esprit, dépourvu de toute force matérielle, parvient à régner dans le monde des corps, à diriger et à dompter les unes par les autres les puissances aveugles qui se le disputent. C'est de là qu'il modifie l'ordre géométrique des choses sans être tenu de puiser dans leur état actuel le principe de ses déterminations, en se guidant même sur la prévision d'un avenir qui n'existe encore que pour lui et en réalisant des plans idéalement conçus en vue d'une fin désirée (1). »

La théorie précédente repose sur la formulation mathématique de cette conception de la contingence qui, de Cournot à E. Boutroux, a été un trait si remarquable de la pensée philosophique française. Sans aucun doute, si cette analyse mathématique est valable, si des intégrales singulières sont vraiment possibles pour les équations différentielles inconnues qui expriment mathématiquement n'importe lesquels d'entre les phénomènes du système nerveux central, on aperçoit un moyen d'échapper à la difficulté psycho-physique.

Mais il faut remarquer que les particularités d'une équation ne peuvent nous aider à imaginer l'esprit agissant sur la matière. On peut se demander même si la théorie ne prouve pas trop. N'est-elle pas destructive, si on l'envisage idéalement, de toutes les déterminations mécaniques ? Ces questions toutefois ne nous

(1) Boussinesq, *op. cit.*, p. 60. Voy. également deux théories moins solides dans Cournot, *Traité de l'enchaînement des idées fondamentales dans les sciences et dans l'histoire*. Paris, 1861, I, ch. iv, et Saint-Venant, *Comptes rendus*, LXXXIV, 419. — Dans le livre de Cournot on peut aussi trouver un excellent exposé du concept d'organisation.

intéressent pas maintenant, car elles n'entrent pas en jeu dans l'histoire du problème téléologique. Les idées de Boussinesq, comme celles de Peirce, n'ont pas encore exercé d'influence appréciable sur la pensée. Il est même à peine possible de deviner si leur peu de succès est dû à quelque défaut radical qui les rend incompatibles avec la pensée scientifique, ou si elles sont tombées dans l'oubli parce que ceux qu'elles auraient dû intéresser étaient incapables de les comprendre (1).

Nous revenons ainsi à deux propositions opposées, qui étaient rejetées par Kant parce que contradictoires, comme expression de l'aboutissement de deux directions de la pensée scientifique au xixe siècle.

« Toute production de choses matérielles est possible suivant des lois purement mécaniques. »

« Quelques productions de choses matérielles ne sont pas possibles suivant des lois purement mécaniques (2). »

Ces propositions sont en effet contradictoires. Cependant je pense qu'il est impossible d'espérer trouver le moyen de décider prochainement entre les deux d'une façon qui soit généralement acceptée. Il est bien établi que l'étude de la science physique conduit presque toujours à la première, et que peu d'hommes peuvent échapper à la seconde lorsque, comme l'historien, ils étudient les actions humaines. A présent il semble qu'il n'existe aucune voie ouverte à la science

____

(1) CLERK MAXWELL, qui était des mieux qualifiés pour cette tâche, a discuté la question de la liberté dans une petite étude (Cf. *The Life of James Clerk Maxwell*, par LEWIS CAMPELL et WILLIAM GARNETT, Londres, 1882, pp. 434-444). Il faut observer que, bien qu'il ne conclue pas, sa discussion a pour pivots les concepts de singularité et de statistique.

(2) *Kritik der Urtheilskraft*, p. 387, ll. 3-9; J. BARNI, p. 52.

pour une nouvelle étude de la question. Il est possible que les idées de Boussinesq et de Peirce, bien qu'étrangères à la pensée scientifique orthodoxe, mènent un jour à des conséquences inattendues, et il va sans dire que personne ne peut prévoir la pensée de l'avenir. Le parti le plus sage est de laisser la question telle quelle, et de passer à d'autres sujets.

Cela est d'autant plus expédient que, nous l'avons vu, l'étude des phénomènes psycho-physiques conduit, non à l'indéterminisme, mais à un nouveau déterminisme, dans lequel l'action volontaire est considérée comme soumise aux lois autant que les phénomènes inorganiques eux-mêmes. Quelles que soient nos opinions métaphysiques, nous sommes obligés d'admettre cela comme un postulat nécessaire de la recherche scientifique. Nous ne pouvons nullement, en effet, penser les phénomènes en dehors de l'hypothèse que la plus fortuite des actions humaines elles-mêmes se reproduirait nécessairement si *toutes* les conditions qui l'ont précédée pouvaient être parfaitement restaurées. Il est absolument impossible que l'esprit échappe à la nécessité d'opérer de cette manière. Même des partisans de l'intervention libre le reconnaissent (1). Je ne chercherai pas, cependant, à établir systématiquement cette proposition. Il suffira de noter que toute la psychologie a pris cette direction, et que cette proposition est généralement admise par les vitalistes. Je crois de plus évident que les opérations des entéléchies de Driesch souffriraient, autant que les lois de la gravitation, de la production d'événements purement fortuits, et cela semble être l'opinion de leur inventeur lui-même.

(1) WARD, *The Realm of Ends*. Cambridge, 1911, ch. xiv.

La question qui demeure est donc le vieux problème de l'agencement téléologique de la nature dans son ensemble. Chaque progrès de la description scientifique, les *Principes* de Newton, les *Réflexions* de Carnot, l'*Origine des Espèces*, ou le concept d'organisation, rattache un certain aspect des choses telles qu'elles sont au plus ancien état concevable de l'univers.

Certaines choses semblent pourtant avoir surgi d'une manière tout à fait inexplicable au cours de l'évolution. Telles sont la vie et la conscience, sans parler des événements historiques. Mais la tendance unique de la science est, soit d'éliminer le caractère surprenant des produits de la nature en découvrant comment ils ont effectivement surgi grâce à des processus nécessaires, soit de les regarder comme contemporains de l'univers même, et co-existant avec lui. Nous ne saurions douter que cette manière de procéder doive persister. Elle n'est pas atteinte par les doutes que nous venons de passer en revue, et elle ne touche pas directement certains problèmes éthiques et philosophiques qui ne sauraient être évités dans la controverse vitaliste. Elle ne dépend d'aucune façon particulière d'envisager les phénomènes naturels. Elle n'est en effet rien de plus que l'expression de ce principe général de continuité, qui, depuis la découverte de l'inertie par Galilée jusqu'aujourd'hui, a gouverné toute la pensée scientifique. Au cours de ce mouvement de pensée, la téléologie « dynamique » de Driesch se perd dans le problème plus vaste de la téléologie « statique » de la nature, et l'*élan vital* de Bergson, si on l'admet, devient une question de détail. Je ne puis considérer cela comme entièrement regrettable, car, comme le dit le professeur Bosanquet : « L'intention signifie seulement, *prima facie*, que quelque créature, en employant la conscience au sens le plus large du mot, veut consciemment quelque chose. Mais... ce quelque chose perd-il sa valeur quand il est atteint ? » « Les choses ne sont pas téléologiques parce qu'elles sont intentionnelles, elles sont intentionnelles parce qu'elles sont téléologiques (1). »

(1) *The Principle of Individuality and Value*, London, 1912, pp. 136, 137.

CHAPITRE V

LA NATURE

L'attitude de l'homme à l'égard de la nature est infiniment curieuse et diverse. Le sauvage, l'artisan, l'artiste, le philosophe et le savant y contribuent chacun pour leur part; pourtant tous semblent en marche vers une entente commune. Il n'existe d'accord semblable sur aucun autre grand sujet dans tout le domaine de la pensée, dans toutes les formes multiples de l'expression humaine. Cournot a composé une tirade sur ce thème : « Les hommes ont senti de bonne heure le besoin d'un terme pour désigner cette puissance cachée qui fait partout circuler la vie et pour la désigner avec les attributs que nous manifestent les phénomènes vitaux, sans mélange d'autres idées suggérées par des phénomènes d'un autre ordre, par la conscience que nous avons de notre personnalité morale, de nos déterminations réfléchies, d'une loi morale qui doit les régir, d'un bien et d'un mal moral. Le terme employé à cet effet est celui de NATURE pris activement (*Natura naturans*, comme disait l'École) ; terme si indispensable, qui correspond à une idée tellement déterminée, quelque malaisée qu'elle puisse être à définir, que nous voyons tout le monde d'accord pour s'en servir, le croyant comme le sceptique, les philosophes de toutes sectes comme les savants de toutes les écoles, celui qui professe le matérialisme le plus grossier comme celui qui s'abîme dans les régions les plus vaporeuses du mysticisme. Il faut bien qu'il y ait une raison d'un tel accord, et cette raison est le besoin de distinguer, de mettre à part ce qui frappe également tout le monde, ce que chacun se sent forcé d'admettre à quelque système philosophique ou religieux que sa raison ou sa foi le rattachent. On dirait un territoire qu'un intérêt commun prescrit de neutraliser, sauf à porter ailleurs les ardeurs de la guerre. Que l'on croie à une Providence surnaturelle qui rémunère et qui châtie dans sa bonté et sa justice, que les prières et le repentir fléchissent, ou qu'on rejette ce dogme consolateur, toujours faudra-t-il reconnaître que dans le monde visible, en dehors de l'humanité, l'action de la cause suprême ne se manifeste que dépouillée de pareils attributs moraux, comme cela suffit pour le gouvernement d'un monde où la moralité n'a point de place.

« L'idée de la Nature, c'est l'idée d'une puissance et d'un art divins, inexprimables, sans comparaison ni mesure avec la puissance et l'industrie de l'homme, imprimant à leurs œuvres un caractère propre de majesté et de grâce, opérant toutefois sous l'empire de conditions nécessaires, tendant fatalement et inexorablement vers une fin qui nous surpasse, de manière pourtant que cette chaîne de finalité mystérieuse, dont nous ne pouvons démontrer scientifiquement ni l'origine, ni le terme, nous apparaisse comme un fil conducteur à l'aide duquel l'ordre s'intro-

duit dans les faits observés et qui nous met sur la trace
des faits à rechercher (1). »

Est-il vraiment vain de chercher une explication
de l'ordre de la nature en dehors des lois de l'uniformité de la nature ? Il le semblerait à qui n'envisa-
gerait que la surface des choses. Seuls le philosophe
poète comme Cournot, ou le poète philosophe comme
Gœthe, semblent trouver quelque chose de plus.
Pourtant la pensée positive ne peut jamais rester
inactive en face d'une pareille question, et je pense
qu'elle a trouvé un fil conducteur. Mais il nous faut,
pour le saisir, nous élever jusqu'à une région de
pensée plus froide.

Lachelier est l'un des plus notables successeurs de
Cournot en France. Il est connu pour sa brève étude
sur l'induction, mais il a donné en dehors d'elle trop
peu de preuves de la grande originalité de son esprit.
Son étude consiste en un examen métaphysique de ce
problème : pourquoi est-ce que la nature est telle que
la méthode inductive aboutisse à nos lois scientifiques.
Et il arrive à une conclusion originale.

A son avis l'axiome fondamental de l'induction
est que, dans les êtres vivants comme dans tous les
objets matériels, les conditions d'existence des phénomènes sont absolument déterminées. Si l'on admet
cette conception, il est aisé de voir comment nous
pouvons passer du fait à la loi. Les conditions d'un
cas donné doivent alors être nécessairement identiques avec celles de tous les cas d'un phénomène. Mais
ce n'est pas tout, car, outre les lois que nous reconnaissons ainsi, il y a également la loi de l'organisa-

____

(1) *Traité de l'enchaînement des idées fondamentales dans les sciences
et dans l'histoire.* Paris, 1861, t. I, pp. 497-498.

tion. Et, à ce que croit Lachelier, un principe d'ordre analogue se voit dans le monde inorganique. « La conception des lois de la nature semble donc fondée sur deux principes distincts : l'un en vertu duquel les phénomènes forment des séries, dans lesquelles l'existence du précédent détermine celle du suivant ; l'autre en vertu duquel ces séries forment à leur tour des systèmes, dans lesquels l'idée du tout détermine l'existence des parties. » — (Pour Lachelier, cela se produit particulièrement en chimie.) — « On pourrait donc dire, en un mot, que la possibilité de l'induction repose sur le double principe des causes efficientes et des causes finales (1). »

Cette idée est également fondée sur une discrimination entre l'existence de l'unité de série, ou enchaînement causal, et celle de l'unité de système, ou unité harmonieuse dans la nature (2). Si je comprends bien, les première et seconde lois de Kepler, considérées relativement à une seule planète, seraient un exemple de l'unité de série, tandis que la troisième loi de Kepler serait peut-être, et la classification des éléments serait certainement, un exemple d'unité systématique.

L'idée est encore présentée dans ces termes : « Tandis que le mécanisme de la nature remplit, par une évolution continue, l'infini du temps et de l'espace, la finalité de cette même nature se concentre, au contraire, dans une multitude de systèmes distincts, quoique analogues les uns aux autres (3). » Mais de plus, tout phénomène est en fait déterminé mécaniquement, non seulement par les phénomènes qui le précèdent dans le temps, mais aussi, comme

(1) Lachelier, *Du Fondement de l'induction*. Paris, 1871, p. 16.
(2) *Ibid.*, p. 83.
(3) *Ibid.*, p. 90.

l'indique Lachelier, par tous ceux qui l'accompagnent dans l'espace.

Sans suivre Lachelier dans ses discussions plus proprement métaphysiques, nous pouvons noter une dernière observation, à savoir que, si la finalité est dans tous les phénomènes la source cachée du mécanisme, il n'y a rien dans la formation d'un organisme qui excède les puissances ordinaires de la nature, et qui demande l'intervention d'un principe spécial (1).

L'idée essentielle de l'étude de Lachelier semble être que les chaînes de causalité naturelle se combinent en un ensemble intelligible et que cet ensemble est, tout autant que les chaînes de causalité, l'objet de nos investigations scientifiques. C'est lui qui, comme disait Cournot, « nous met sur la trace des faits à rechercher ».

Or, il est impossible de douter que cela soit vrai, du moins en partie. En effet, l'idée huméenne de la survivance des équilibres dynamiques n'est qu'un exemple de ce processus, et elle satisfait à toutes les conditions de l'analyse de Lachelier.

Les idées de cette étude sur l'induction sont assez analogues aux points centraux du système philosophique de Lotze. Elles semblent plus proches encore de certaines opinions actuelles du professeur Bosanquet (2). Le métaphysicien anglais voudrait mettre en lumière l'erreur de ceux qui « fondent la défense de la téléologie dans l'univers exclusivement sur l'aptitude de la conscience finie à diriger et à choisir (3) ». Bien qu'il ne s'agisse ici que de l'action psycho-physique, cela revient à fonder une discussion exclusivement sur la logique

(1) Cf. *The Fitness of the Environment*, p. 300.
(2) The Meaning of Teleology. *Proceedings of the British Academy*, II, p. 235, 30 avril 1906.
(3) *Ibid.*, p. 235.

des positions vitalistes extrêmes. De l'avis de Bosanquet, une telle philosophie « détruit à peu près l'idée du règne de la loi, pour instaurer le sujet fini en guide et maître de la nature et de l'histoire (1) ». Mais « il est vain de chercher dans le simple fait de l'intention consciente l'essence ou la valeur de la téléologie (2) ». Au vrai, ce n'est pas l'intention consciente, mais la détermination universelle qui est essentielle à l'existence d'un plan dans la nature. En effet, « un plan implique détermination, détermination implique continuité, et dans toutes les directions. Tout doit être suivi de quelque chose — doit être continué par quelque chose de tous les côtés, et entre deux « quelque chose » quelconques dans une unité, doit exister une connexion mutuelle déterminée, prescrite par le contenu de cette unité (3) ». « L'esprit et l'individualité, en tant que finis, trouvent leur expression la plus complète sous l'aspect de systèmes mécaniques très complexes et déterminés avec précision. Telle est la loi, à ce que je crois sans aucune exception, pour tout produit supérieur de l'âme et de l'intelligence humaines, comme de l'évolution cosmique. Nous devons reconnaître que l'apparence mécanique est universelle et constante (4). » Pourtant, de ce point de vue, « nous sommes libres de supposer que le plan mondial est immanent au tout, y compris l'esprit fini et la nature mécanique (5) ».

(1) *Op. cit.*, p. 235.
(2) *Ibid.*, p. 236.
(3) *Ibid.*, p. 238.
(4) *Ibid.*, p. 240. — Ceci n'équivaut pas, cela va sans dire, à l'affirmation que les opérations de l'esprit doivent être regardées comme des processus psycho-chimiques, le terme « mécanique » est même employé ici dans un sens plutôt trop général pour les besoins de l'analyse scientifique.
(5) *Ibid.*, p. 240.

« Il est impossible... de traiter une partie du monde comme primaire et une autre comme une superstructure secondaire. Nous devons interpréter la nature de la nature autant par la fleur que par la loi de la gravitation. Si nous en arrivons là, il y a dans les réactions les plus directes et les plus simples du mécanisme, des apparences que nous ne pouvons, suivant aucun principe valable, refuser d'appeler téléologiques (1)... » « Les fondements de la téléologie de l'univers sont bien trop profonds pour être expliqués par l'intervention de la conscience finie, et peuvent moins encore y être réduits. Tout montre qu'une telle conscience ne doit pas être regardée comme la source de la téléologie, mais comme étant elle-même une manifestation, qui rentre à l'intérieur de manifestations plus vastes, de l'individualité immanente du réel (2). »

« Le contraste du mécanisme et de la téléologie ne doit donc pas être traité comme s'il était élucidé d'un seul coup par l'antithèse de la conscience volitive et de l'interaction des parties. Il est enraciné dans la nature même de la totalité, qu'il envisage de deux points de vue complémentaires, comme un tout individuel, et comme constitué par des membres agissant les uns sur les autres. Ni l'un ni l'autre de ces deux points de vue ne peut être complètement absent. A supposer que cette impossibilité soit possible, le manque total d'intelligibilité mécanique réduirait le spirituel au miraculeux, et détruirait la téléologie, de même que le manque total d'intelligibilité téléologique réduirait l'individualité à l'incohérence, et annihilerait le mécanisme (3). »

(1) *Op. cit.*, p. 241
(2) *Ibid.*, p. 242.
(3) *Ibid.*, p. 244.

Je ne puis voir aucun moyen d'échapper aux conclusions de Bosanquet, comme doctrine philosophique d'aujourd'hui. C'est à tout le moins un postulat nécessaire de la science « que l'apparence mécanique — (c'est-à-dire déterminée naturellement) — doit être reconnue comme universelle et constante ». Quelque intéressant que soit l'organisme comme tel, quelque séduisante que soit la conception vitaliste du monde, l'organisme et le vitalisme, sans le déterminisme, ne sont pas un fondement solide pour une philosophie. Il vaut mieux les regarder comme entraînés dans le mouvement rapide de la pensée scientifique. A vrai dire, il y a dans le *concept* d'organisation, quelque chose qui a défié le temps et le changement, et persisté depuis Aristote jusqu'à nos jours. Mais l'organisme est en ce moment soumis à l'investigation. D'année en année nous voyons plus clairement quelle est, suivant les concepts physiques élémentaires et les mesures quantitatives, la nature de cette unité harmonieuse.

Les progrès de la science n'ont assurément pas rendu l'origine de la vie plus facile à imaginer, ni même à concevoir. Au contraire, je suis tout à fait persuadé qu'ils ont rendue cette tâche beaucoup plus malaisée. Surtout, ils ne nous poussent nullement à attacher une valeur exagérée aux analogies qui ont été tellement étudiées, entre les phénomènes organiques et les phénomènes inorganiques. Le développement d'un cristal et celui d'un corps vivant se ressemblent moins que l'accroissement d'un compte en banque et celui d'une grande « organisation » commerciale. L'équilibre dynamique de la vie et celui d'un tourbillon sont extrêmement inégaux par leur complexité comme par l'essence même des processus physiques et chimiques par lesquels ils sont ajustés et régis.

Pourtant il est absolument impossible d'échapper à la conception qui fait des êtres vivants des produits naturels, car la science implique le déterminisme, et le déterminisme impose précisément cette notion. A mesure que notre connaissance de l'organisation s'accroît, nous voyons sans cesse plus clairement l'interdépendance de tous les êtres vivants et l'harmonie entre l'organisme et son environnement. Nous sommes ainsi amenés à concevoir l'organisme comme étant intrinsèquement une partie de la nature, et la nature comme étant un tout. Le point essentiel de la thèse de Cournot, touchant la nécessité d'hypostasier ainsi la nature est, aujourd'hui mieux que jamais, prouvé par la science. Et ainsi le problème de la forme téléologique et du comportement de l'organisme rentre dans la question plus vaste de l'ordre de la nature. Rien ne peut s'opposer à la tendance vers cette idée ; elle est l'écho moderne de la pensée d'Aristote, qui lui faisait chercher «comment la nature, qui est raisonnable, s'est nécessairement servie, en vue d'une cause finale, des résultats fournis par la nature matérielle (1) ».

Nous arrivons ainsi à une conclusion philosophique claire. Mais la science ne pourra pas accepter ce résultat avant qu'il ait été établi sur des preuves scientifiques par la méthode du raisonnement scientifique. Il n'est que trop évident que le progrès fait dans cette direction n'est guère perceptible. Nous reconnaissons scientifiquement, il est vrai, la vérité du concept huméen de la tendance des équilibres dynamiques à survivre. L'être vivant lui-même en est un exemple, et les *Prin-*

____

(1) Cf. *supra*, p. 15.

cipia de Newton contiennent l'analyse complète d'un autre. Mais, bien que Newton lui-même, et beaucoup d'autres, n'aient pas manqué de tirer de pareils faits des inférences téléologiques, celles-ci n'ont jamais été généralement reçues comme scientifiquement valables. Si téléologique que soit l'aspect des produits de la nature, la téléologie de la nature elle-même ne saurait être établie scientifiquement, à moins qu'on ne puisse montrer qu'une certaine sorte de connexion, concevable seulement comme téléologique, existe dans les lois de la nature.

Lachelier a imaginé une semblable relation et en a fait le fondement de sa pensée philosophique. Mais il est très douteux que la science puisse jamais établir complètement une pareille proposition. L'examen exhaustif de toutes les lois de la nature, de ce point de vue comme de tout autre, est entièrement inconcevable, sans parler des autres raisons, parce que nous ne les connaîtrons jamais toutes. Peut-être aussi la science ne sera-t-elle jamais en mesure de décider si l'organique et l'inorganique seront finalement conçus philosophiquement comme un ordre unique, car l'œuvre de la synthèse scientifique ne sera jamais achevée.

Néanmoins nous pouvons dès maintenant voir que tout le mouvement de la pensée scientifique et philosophique sur ce sujet conduit effectivement à un problème scientifique plus modeste. En effet, s'il est tout à fait inconcevable que la science doive jamais résoudre complètement l'énigme de l'ordre de la nature, il est clair que rien, sauf la difficulté intrinsèque de la recherche scientifique, ne s'opposera à une enquête, de plus en plus approfondie, sur ce problème. En biologie cette question est depuis longtemps connue, et les efforts pour comprendre l'origine de la vie, ainsi que pour expliquer le processus de l'évolution organique, sont venus ensuite. Mais, si l'on attaque le problème par ce côté, les difficultés sont presque insurmontables. Aussi, malgré les grands travaux de Darwin, demeurons-nous fort ignorants. En dehors de la généralisation imparfaite de la sélection naturelle, et des commencements rudimentaires d'une science de l'hérédité, nous n'avons encore que les idées les plus vagues sur le développement des êtres vivants en tant que produits de la nature. Et touchant leur origine, nous n'avons pas d'idées du tout.

Le problème, plus simple et plus général, de l'agencement téléologique de la nature comme tout, n'a été ni reconnu, ni étudié par la science. Pourtant ce problème est assez clair maintenant. Tous les hommes admettent qu'il y a quelque chose de réel dans l'aspect téléologique du monde. Il y a à sa base de l'ordre, de la stabilité, et un arrangement d'objets matériels d'une riche diversité. Quand nous pensons au système solaire, au cycle météorologique et au cycle organique, nous distinguons ce qui nous donne, d'une façon tout à fait inévitable et directe, une impression d'harmonie. Mais, nous l'avons vu, il n'est plus permis de douter que cette impression d'harmonie corresponde à un ordre dans l'univers. Assurément la science doit écarter les problèmes philosophiques qui surgissent, et la philosophie doit refuser à tous les hommes le droit de fonder sur ce fait un système de théologie naturelle. Mais l'hypothèse métaphysique qui conduit à nier l'ordre de la nature en tant qu'objet de recherche scientifique est fausse et discréditée. Comment sera-t-il donc possible d'expliquer scientifiquement la production de cet ordre? Quelle est l'origine mécanique de l'ordre actuel de la nature ?

C'est seulement si nous nous attachons aux faits relatifs à l'évolution de notre système solaire et de la terre que nous pourrons étudier le problème. Mais, en y voyant un cas particulier du processus cosmique tout entier, nous risquons d'être à *quia*. L'histoire naturelle de la terre met en jeu une masse de faits particuliers qui ne sont pas encore bien coordonnés et qu'il est rarement possible de rattacher aux lois qui les régissent.

Si toutefois nous cherchons un point de vue plus général et plus abstrait, nous nous trouvons devant une question plus claire. Ce processus de l'évolution de notre monde, quelque varié qu'il soit dans les détails, est du moins gouverné et dirigé par les lois générales de la science physique. On ne saurait douter qu'outre la tendance à la formation et au maintien des systèmes stables, telle que l'ont formulée Newton pour la dynamique, Darwin pour la biologie et Le Châtelier pour la chimie physique, d'autres parmi ces lois participent intelligiblement à la production de l'ordre de la nature. De même, les propriétés de la matière et de l'énergie sont en cause. Il est donc clair que le véritable problème scientifique peut être résolu approximativement en découvrant graduellement comment les lois de la science physique agissent ensemble sur les propriétés de la matière et de l'énergie de façon à produire cet ordre. C'est ainsi, et seulement ainsi, que nous pourrons le comprendre. Il est vain de spéculer *a priori* sur une pareille question ; seule l'investigation scientifique pourra atteindre un résultat ; seul ce résultat scientifique pourra déterminer l'importance de la question pour la philosophie.

D'une manière assez vague, j'ai déjà étudié un aspect

de ce problème du point de vue biologique (1). Dans les pages qui suivent, la question sera examinée plus rigoureusement et plus systématiquement, suivant les principes de la science physique.

(1) *The Fitness of the Environment.* New-York, 1914. — The Functions of an Environment. *Science* N. S., XXXIX, p. 524.

CHAPITRE VI

L'ÉVOLUTION

Il y a dans l'histoire de la pensée, en dehors de l'établissement de la seconde loi de la thermodynamique, un seul effort systématique pour découvrir une loi générale de la nature, régissant le processus total de l'évolution. Il se trouve dans les *Premiers Principes* de Herbert Spencer, et sert de fondement à sa *Philosophie synthétique*. Cette loi de l'évolution, comme l'appelle son auteur, dérive d'une conception assez vague, qui ressemble un peu aux dernières idées de Lachelier. Spencer s'aperçut que nous ne pouvons connaître un phénomène complexe que lorsque nous comprenons à la fois ses éléments et la manière dont ces éléments coopèrent pour le produire. « Ce qui peut seul unifier le savoir doit être la loi de la coopération de tous les facteurs, une loi exprimant simultanément les antécédents complexes et les conséquents complexes que présente tout phénomène total (1). » Une pareille loi, déclare Spencer, doit être regardée comme possédant

(1) *First Principles*. New-York, réimpression de la 5ᵉ édition de Londres, p. 468.

une valeur générale, car « si la loi de l'opération de chaque facteur est vraie dans le cosmos tout entier, il doit en être aussi de même de la loi de leur coopération (1) ».

De l'avis de Spencer cette loi se manifeste dans tous les phénomènes de l'évolution ; elle régit toute production et toute dissolution, et affecte nécessairement la matière et le mouvement. Elle est « la loi du cycle total des changements par lesquels passe toute existence : perte de mouvement, suivie d'une intégration, à laquelle succède éventuellement un gain de mouvement, suivi d'une désagrégation. Outre qu'elle s'applique à toute l'histoire de chaque existence, elle s'applique à chaque détail de cette histoire. Les deux processus se poursuivent à chaque instant ; mais il y a toujours une résultante différentielle en faveur du premier ou du second. Et tout changement, même s'il ne consiste qu'en une transposition de parties, contribue au progrès de l'un ou l'autre processus (2) ». Il y a habituellement un passage de l'homogène à l'hétérogène en même temps que s'opère le passage de la diffusion à la concentration. A mesure que la matière composant le système solaire a pris une forme plus dense, elle est passée de l'unité à la variété de répartition. La solidification de la terre a été accompagnée d'un passage de l'uniformité relative à une extrême diversité. Au cours de sa transformation, depuis l'état de germe jusqu'à celui de masse relativement considérable, toute plante et tout animal passe aussi de la simplicité à la complexité. L'accroissement numérique d'une société et son progrès en solidité s'accompagnent d'une hété-

(1) *Op. cit.*, p. 468.
(2) *Ibid.*, p. 469.

rogénéité accrue de son organisation politique et industrielle. Et il en est de même de tous les produits supraorganiques : langue, science, art et littérature (1). »

« Dans toutes les évolutions, inorganiques, organiques et supra-organiques, ce changement dans l'arrangement de la matière s'accompagne d'un changement parallèle dans l'arrangement du mouvement ; chaque accroissement de la complexité de la structure impliquant un accroissement correspondant de la complexité fonctionnelle (2). »

Tout cela tient, en premier lieu, au fait que « tout agrégat fini et homogène doit inévitablement perdre son homogénéité, parce que ses parties subissent inégalement l'action des forces extérieures (3) ». De l'avis de Spencer, cette instabilité de l'homogène est un phénomène parfaitement universel, elle se manifeste dans les parties comme dans le système total. Il en résulte une tendance progressive du moins hétérogène à devenir plus hétérogène. Cette tendance s'accroît, selon sa conception mathématique, d'une simplicité bizarre, suivant une progression géométrique, à mesure que les effets se multiplient.

Ce processus ne peut aboutir qu'à l'équilibre. « Cette division et subdivision continuelle de forces, qui change l'uniforme en multiforme et le multiforme en plus multiforme, est un processus par lequel les forces se dissolvent perpétuellement, et leur dissolution, se poursuivant aussi longtemps qu'il reste des forces non contrebalancées par des forces opposées, aboutit nécessairement au repos (4). »

(1) *Op. cit.*, p. 471.
(2) *Ibid.*, p. 471.
(3) *Ibid.*, p. 473.
(4) *Ibid.*, p. 475.

« On a retrouvé ce principe général d'équilibration... dans toutes les formes de l'évolution, astronomique, géologique, biologique, mentale et sociale. Et notre conclusion finale a été que l'avant-dernière phase de l'équilibration, dans laquelle s'établissent la diversité la plus grande et l'équilibre mouvant le plus complexe, doit être celle qui comporte l'état le plus élevé qui soit concevable de l'humanité (1). »

Il ressort de cet exposé que, quelque usage philosophique que Spencer ait fait de sa *loi de l'évolution*, il la croyait une induction fondée, et, par conséquent, une loi de la nature. Il se trompait probablement sur ce point. Il y a bien quelque chose de vrai dans cette prétendue « loi ». Et ses généralisations, si on les regarde comme des hypothèses provisoires, comme des essais d'explication, ont une réelle importance. Mais Spencer semble ne s'être pas douté combien serait ardue la tâche d'établir un pareil principe, même dans la science physique. Il n'avait littéralement aucune conception de la nature du problème qu'il soulevait, car la preuve mathématique rigoureuse était étrangère à son esprit. Il n'est pas surprenant, dans ces circonstances, que ses idées rencontrent l'hostilité déclarée de physiciens mathématiciens comme lord Kelvin, Clerk Maxwell et Tait (2).

Cependant, à cette époque même, Willard Gibbs attaquait le problème de l'équilibre hétérogène d'une façon rigoureuse, avec des connaissances mathématiques complètes, une claire intelligence des principes de la thermodynamique, et une faculté de former des concepts abstraits presque sans rivale de notre temps.

(1) *Op. cit.*, p. 475.
(2) Cf. Knott, *Life of Tait*, pp. 281-288. Cambridge, 1911.

Maxwell aperçut immédiatement la connexion de ses idées avec les théories de Spencer, et écrivit à Tait : « Avez-vous lu ce qu'écrit Willard Gibbs sur l'Équilibre des Substances hétérogènes ? C'est un plaisir, après ce que Spencer a écrit sur l'Instabilité de l'Homogène (1). » Cette étude conduit en effet à cette même « forme vide de l'univers », qui, suivant Tait (2), est la conclusion des spéculations de Spencer.

Un résultat important des recherches de Willard Gibbs en thermodynamique fut d'établir le concept de *système* en tant qu'abstraction véritable. Jusqu'à la publication des résultats de ses travaux, les physiciens mathématiciens possédaient des définitions rigoureuses du temps, de l'espace, et de la masse. Avec l'aide de leurs diverses mesures quantitatives, elles leur permettaient, en suivant le modèle de la dynamique, de traiter bien des problèmes d'une façon tout à fait rigoureuse et exhaustive. Mais, partout où il s'agissait de composition ou de constitution chimique, ils étaient impuissants. Si nous pouvons en juger par les travaux publiés sur ce sujet, Newton lui-même s'était contenté de démontrer que la masse est indépendante de la composition chimique.

L'importance des idées nouvelles est évidente. Ainsi le concept de ligne est une pure abstraction, parce que les lignes géométriques n'existent pas dans la nature. Il est néanmoins nécessaire à l'existence même de la géométrie. Le concept d'une masse indépendante de toutes les forces autres que la gravitation, est une fiction analogue, car les forces électriques, magnétiques, et autres, ne sont jamais entièrement absentes ; mais il est indis-

____

(1) *Op. cit.*, p. 284.
(2) *Nature*, 25 novembre 1880.

pensable au développement de la dynamique. De même
le concept de *système indépendant* est une pure création
de l'imagination. En effet, aucun système matériel
n'est ni ne peut être jamais parfaitement isolé du
reste du monde. Néanmoins ce concept complète la
« forme vide de l'univers » du mathématicien, sans laquelle ses investigations sont impossibles. Il lui permet
d'introduire dans son espace géométrique, non seulement des masses et des configurations, mais aussi la
structure physique et la composition chimique. De
même que Newton montra le premier d'une manière
concluante que notre monde est un monde de masses,
de même Willard Gibbs a le premier montré que c'est
un monde de systèmes.

De cette manière la chimie a appris quelle sorte de
monde est l'objet de ses investigations. C'est un monde
composé de systèmes et rien d'autre. Cette conception
de l'univers, comme celle de la dynamique classique,
qui n'aperçoit que des masses, est à la fois exhaustive
et rigoureuse, malgré son caractère purement imagi-
naire et abstrait. Il est vrai que les difficultés pratiques
les plus graves se rencontrent quelquefois, et que ces
difficultés ont amené certaines erreurs extrêmement
répandues. Ainsi, le chimiste moderne se rend à peine
compte de la nécessité de faire une place aux forces
électriques et autres dans sa définition des systèmes.
Toutefois ces forces entrent en jeu d'une façon beaucoup plus générale dans les phénomènes d'équilibre
hétérogène que dans ceux qui ressortissent à la dynamique, et elles étaient étudiées dans la première publication de Gibbs. Mais ce sont là des erreurs de la pra-
tique, qui ne touchent pas le principe même.

Le développement que Gibbs donne à son analyse
mathématique révèle les caractères distinctifs d'un sys-

tème. Ils n'apparaissent point comme des concepts entièrement nouveaux, mais, tels ceux de ligne et de masse, comme le résultat d'idées anciennes transformées par l'analyse critique. Les éléments subordonnés les plus prochains, dans un système ou agrégat matériel isolé, sont les phases. Une phase est, en premier lieu, un corps homogène. « Nous pouvons donner aux corps qui diffèrent par leur composition ou leur état le nom de *phases* différentes de la matière en question, en regardant tous les corps qui diffèrent seulement par la quantité ou la forme comme des exemples différents de la même phase (1). » Par suite, une phase peut être solide, liquide, ou gazeuse. Son seul caractère essentiel comme telle est l'homogénéité physique et chimique dans les limites de notre analyse. Elle est simplement la somme de toutes les parties d'un système qui possèdent une structure et une composition parfaitement définies et absolument uniformes. Un système comprend donc autant de phases qu'il contient de variétés physiquement distinctes d'agrégation homogène.

Au-dessous des phases sont les composants, ou constituants primaires du système. Gibbs commença par les définir d'une manière moins élégante que les phases (2). Mais, avec une légère modification du développement mathématique, qui n'entraîne aucun changement dans les principes, les composants peuvent être regardés comme étant les diverses espèces de substances chimiques, pour autant qu'elles ne sont pas décomposées, qui se trouvent dans l'ensemble du système (3). Est composant : chaque variété distincte de

(1) WILLARD GIBBS, *Collected Papers*, I, p. 96.
(2) WILLARD GIBBS, *Collected Papers*, I, pp. 63 et sq.
(3) Cf. RICHARDS, *Journal of the American Chemical Society*, mai 1916.

molécule, quels que soient son ou ses états physiques
dans le système, et quelle que soit la façon dont elle est
répartie dans tout le système, pourvu seulement qu'elle
ne soit pas sujette à se décomposer dans ce système.

Telle est la composition matérielle généralisée du
système. Celui-ci se caractérise par deux types d'agrégation : le type physique et le type chimique. Chacun
doit être analysé logiquement en ses diverses parties
constitutives uniformes. Celles-ci peuvent être distribuées ou assemblées de la manière la plus simple ou
la plus complexe. Mais il n'y a jamais aucune difficulté
théorique à les reconnaître et à les distinguer.

Plus embarrassante est la façon d'envisager l'énergie
ou l'activité du système. C'est principalement pour
tourner cette difficulté que Gibbs a introduit l'idée
d'isolement. Son propre exposé préliminaire montre
fort clairement ce qu'il en est : « Nous examinerons
les conditions d'équilibre d'une masse de matière d'espèces diverses, renfermée dans une enveloppe rigide
et fixe, imperméable à toutes les substances qu'elle
contient, inaltérable par leur action, et parfaitement
non conductrice de la chaleur. Nous supposerons que
le cas n'est pas compliqué par l'action de la pesanteur,
ni par aucune influence électrique, et que, dans les
portions solides de la masse, la pression est la même
dans toutes les directions. Nous simplifierons encore
le problème en supposant que les variations des parties
de l'énergie et de l'entropie, qui dépendent des surfaces
séparant les masses hétérogènes, sont si petites, en
comparaison des variations des parties de l'énergie et
de l'entropie qui dépendent des quantités de ces masses,
que celles-là peuvent être négligées à côté de celles-ci ;
en d'autres termes, nous exclurons les considérations
qui se rapportent à la théorie de la capillarité.

« On observera que le fait de supposer qu'une enveloppe, rigide et non conductrice, enveloppe la masse dont il s'agit, n'entraîne aucune diminution réelle de généralité, car si une masse quelconque de matière est en équilibre, elle le serait encore si sa totalité ou une de ses parties était enfermée dans une enveloppe telle que nous l'avons supposée ; par suite les conditions d'équilibre pour une masse ainsi enfermée sont les conditions générales qui doivent toujours être satisfaites en cas d'équilibre. Quant aux autres suppositions qui ont été faites, toutes les circonstances et considérations provisoirement exclues seront par la suite l'objet d'une étude spéciale (1). »

Il n'est pas nécessaire que nous nous attachions à ces discussions spéciales. Il suffira de noter que toutes les formes d'énergie et d'activité sont impliquées dans la définition des systèmes, mais que la température et la pression sont d'une importance très générale. Toutefois la gravitation, qui se fait toujours sentir, les phénomènes électriques. magnétiques, optiques, et toutes les autres activités, peuvent souvent être impliqués. De plus, si les phases sont divisées finement, comme dans les systèmes colloïdaux, l'étendue des surfaces de séparation sera fortement accrue, et des phénomènes capillaires s'ensuivront nécessairement.

Une autre caractéristique fondamentale d'un système est la grandeur de la concentration de chaque composant dans chaque phase. Il est absolument essentiel pour la description d'en tenir compte. Mais c'est la dernière des caractéristiques qui doivent entrer en ligne de compte dans un système qui a atteint un état d'équilibre.

(1) *Collected Papers*, p. 62.

Il convient, cependant, de dépasser la discussion
de Gibbs, telle qu'elle se présente dans sa formulation
de la Règle des Phases, et de noter que, tant que l'état
d'équilibre n'a pas été atteint, il est également nécessaire de tenir compte du volume et de la configuration
des phases. Une fois ces discriminations accomplies,
la tâche est terminée. On peut donner ainsi la description idéale de toute agrégation physico-chimique comme
telle, c'est-à-dire en négligeant les relations fonctionnelles de ses parties comme dans une machine, la configuration de sa structure comme dans un cristal, et
les caractéristiques infra-moléculaires telles que la
nature de la structure moléculaire ou les phénomènes
de transformations radio-actives. Souvent, comme dans
l'organisme vivant, la tâche effective présente des difficultés insurmontables ; mais ces difficultés sont pratiques, plutôt que conceptuelles ou idéales. Et personne, pas même le vitaliste, ne doute que l'organisme
soit un système de Gibbs.

Personne n'a reconnu plus clairement que Gibbs
lui-même les difficultés qu'entraîne l'usage de cet instrument de pensée. Elles le conduisirent à sa dernière
contribution à la science qui est en même temps, de
l'avis de certains de ses élèves, la plus originale : son
travail sur la *Mécanique statistique* (1). Ce livre, écrit
après de longues années de méditation, mais, semble-
t-il, presque sans notes préalables, et achevé en moins
d'un an, est peut-être le plus grand exemple de pensée
soutenue qu'offre l'histoire de la science en Amérique.
Le motif qui poussa Gibbs à orienter ainsi son attention
est clairement indiqué dans sa préface, où, après avoir
montré les contradictions entre la théorie thermody-

(1) New-York, 1902.

namique et les faits, dans l'étude des systèmes individuels, il écrit : « Des difficultés de ce genre ont détourné
l'auteur d'essayer d'expliquer les mystères de la nature,
et l'ont forcé à se contenter d'un dessein plus modeste :
celui de déduire quelques propositions particulièrement
évidentes relatives à la branche statistique de la mécanique. Dans cette matière, il est impossible de se trom-
per sur l'accord des hypothèses avec les faits de la nature, car nulle supposition n'est faite à cet égard. La
seule erreur dans laquelle on puisse tomber, c'est le
désaccord entre les prémisses et les conclusions, et,
avec du soin, on peut espérer l'éviter d'une manière
générale (1). »

L'objet spécifique de ces recherches, si originales
et si audacieuses qu'elles sont presque inconcevables
pour ceux qui ne possèdent pas le talent mathématique
de Gibbs, est formulé ainsi : « Nous pouvons imaginer
un grand nombre de systèmes de même nature, mais
différant par les configurations et les vitesses qu'ils
possèdent à un instant donné, et cela, non pas seulement d'une manière infinitésimale, mais peut-être de
manière à embrasser toutes les combinaisons possibles
de configurations et de vitesses. Et ici nous pouvons
nous proposer le problème, non de suivre un système
particulier dans la succession de ses configurations,
mais de déterminer comment le nombre total des systèmes sera distribué entre les diverses configurations
et vitesses concevables à tout moment demandé, lorsque
la distribution a été donnée pour un certain moment
déterminé. L'équation fondamentale de cette recherche
est celle qui fournit le taux de changement du nombre
des systèmes qui rentrent dans n'importe quelles li-

(1) *Op. cit.*, p. x.

mites infinitésimales de configuration et de vitesse (1). »

Cette entreprise semble avoir remarquablement réussi : car Gibbs poursuit en ces termes : « Les lois de la mécanique statistique s'appliquent aux systèmes conservateurs, comportant un nombre quelconque de degrés de liberté, et sont exactes (2). » « Les lois de la thermodynamique peuvent aisément se tirer des principes de la mécanique statistique, dont elles sont l'expression incomplète (3). »

« Nous pouvons par suite admettre avec confiance que rien ne sera plus utile à la claire intelligence du rapport entre la thermodynamique et la mécanique rationnelle, et à l'interprétation des phénomènes observés, relativement aux renseignements qu'ils offrent au sujet de la constitution moléculaire des corps, que l'étude des notions et principes fondamentaux de cette branche de la mécanique avec laquelle la thermodynamique se trouve spécialement en rapport (4). »

Il est visible, partant, que Gibbs a fourni à la science physique une analyse mathématique rigoureuse des conditions d'équilibre d'un système quelconque, et d'un ensemble quelconque de systèmes semblables. Je ne voudrais pas affirmer que je comprends plus qu'une petite partie de l'analyse de Gibbs, et pour l'interprétation de ses recherches statistiques, je suis obligé de recourir à l'aide des mathématiciens. Je ne voudrais pas non plus faire croire que je me hasarde à accepter tous les résultats, ou à porter sur eux un jugement quelconque. Les présomptions leur sont fortement favorables, mais le temps seul pourra éprouver les

____

(1) *Op. cit.*, p. VII.
(2) *Ibid.*, p. IX.
(3) *Ibid.*, pp. VIII, IX.
(4) *Ibid.*, p. IX.

productions de cet homme, pour grand qu'il soit. Toutefois, elles sont visiblement le meilleur instrument que nous possédions pour la caractérisation physico-chimique générale et abstraite de l'évolution cosmique, car elles comportent nos concepts généraux de matière, d'énergie, d'espace et de temps, ainsi que la seule loi connue de l'évolution (1), la seconde loi de la thermodynamique, impliquée dans leurs résultats généraux, et sont, autant que nous en puissions juger pour le moment, rigoureuses, exhaustives, et exactes.

Les résultats des études thermodynamiques de Gibbs prouvent clairement que la généralisation de Spencer n'a pas de rapport simple et intelligible avec les lois de l'équilibre. La Règle des Phases peut servir à mettre ce fait en lumière. Suivant cette Règle, le nombre des degrés de liberté, toutes choses égales d'ailleurs, croît ou diminue selon que le nombre des phases diminue ou croît. En d'autres termes, approximativement parlant, plus le nombre des phases est grand, plus est petit le nombre des espèces de variation qui peuvent se produire dans le système. Cela peut être illustré par le cas de l'eau pure. Par exemple, dans un système consistant en glace, eau et vapeur, la composition de chaque phase, la température et la pression sont toutes absolument fixes. Et ainsi, la compression, l'addition ou la soustraction de chaleur extérieure peut seulement changer les quantités de chaque phase, jusqu'à ce qu'enfin l'une d'elles puisse cesser d'exister, tout en laissant sans changement la température, la pression, et la composition des phases. Mais dans le système composé seulement de glace et d'eau, l'application d'une pression produira immédiatement un changement dans la pres-

---

(1) Cf. Perrin, *Traité de Chimie physique*. Paris, 1903, ch. v.

sion du système, qui sera accompagné d'un changement
de température. D'autre part, si la température ou la
pression sont fixes dans un pareil système, l'état du
système est complètement déterminé, et l'autre facteur (la pression ou la température suivant le cas) ne
peut varier. Une formule analogue s'applique au système vapeur et eau, et au système vapeur et glace.
Enfin, si un système consiste en la phase vapeur
seule, il ne suffira pas de fixer la température pour fixer
la pression, ou inversement. Afin de fixer la température il sera nécessaire de fixer la pression et la composition, c'est-à-dire la concentration ou le volume. Et de
même il est nécessaire que la température et la pression
soient fixées pour fixer le volume, et que la température
et le volume le soient pour fixer la pression. Les conditions à remplir pour les systèmes plus complexes
sont parfaitement analogues.

Il apparaît ainsi, à première vue, que l'idée spencérienne de la plus grande stabilité du multiforme se
trouve vérifiée. Mais un examen plus attentif montre
que sa conception de la multiformité implique non seulement l'hétérogénéité ou la multiformité des phases,
mais aussi la diversité de composition chimique, et celle
des activités dues à l'énergie. Sur ce point, ses conceptions sont radicalement contredites par la Règle des
Phases. En effet, le nombre des degrés de liberté s'accroît du même nombre que celui des composants, ou
des formes différentes de l'énergie qui entrent dans le
système. Ainsi, si l'on ajoute un peu d'alcool au système
vapeur, eau, glace, il en résultera un système aussi
variable que le système simple eau, glace. Et la même
chose est vraie si la gravitation entre en jeu d'une manière appréciable dans le système originel. En somme,
« l'instabilité de l'homogène » tend à réapparaître dans

l'hétérogène de Spencer, mais non dans celui de Gibbs.

Il importe maintenant de bien comprendre deux faits : 1º toutes choses égales d'ailleurs, la stabilité d'un système *croît* avec le nombre des phases et aussi avec le nombre des restrictions imposées aux intensités de l'énergie, de la température, par exemple, et aux concentrations. Ainsi un système de trois phases est plus stable qu'un système analogue de deux phases ; un système de température constante est plus stable qu'un système analogue dans lequel la température est variable ; et un système dans lequel la tension de l'acide carbonique est constante est plus stable qu'un système où elle est variable ; 2º toutes choses égales d'ailleurs, la stabilité d'un système *diminue* à mesure que croissent le nombre de ses espèces moléculaires constitutives indécomposées, et celui des différentes formes de l'énergie, par exemple, la chaleur, la pression, le potentiel électrique, la tension superficielle, impliquées dans ses activités.

Ainsi, nous devons conclure que la conception de Spencer, si elle n'est pas contredite par la Règle des Phases, n'est pas non plus confirmée par elle. Tandis que certaines espèces de multiformité tendent vers la stabilité, d'autres tendent vers l'instabilité. Apparemment la résultante de ces deux tendances des phénomènes de la nature dans son ensemble ne peut être estimée que par la considération objective des propriétés de la matière. Sur ce point, nous pouvons dès maintenant noter qu'il y a dans les édifices moléculaires complexes une tendance générale à l'instabilité, et qu'on a des raisons de supposer qu'une semblable tendance existe dans les éléments de poids atomique élevé. En outre, la complexité dans la structure d'une phase, provenant soit de l'irrégularité de sa configuration, soit de sa dispersion en fragments séparés, s'accompagne en général d'une diminution de stabilité. Mais il est très douteux que le problème dans son ensemble puisse être résolu, dans l'état actuel de nos connaissances. La Règle des Phases indique une tendance à une plus grande stabilité dans une certaine espèce de multiformité, qui est exactement définie par l'hétérogénéité de Gibbs. Mais elle prouve également que d'autres sortes de multiformité sont instables.

Je ne puis trouver aucun autre argument en faveur de l'hypothèse de Spencer dans les résultats de la Mécanique statistique de Gibbs. Je crois que nous sommes en droit d'admettre, par suite, que l'hostilité des physiciens contre les théories de Spencer était justifiée. Beaucoup de ses conceptions sont en effet clairement erronées, mais en général du fait d'un excès de généralisation plutôt que d'une contradiction radicale avec les principes élémentaires de la science.

La croyance de Spencer à la tendance de toutes choses vers l'équilibre dynamique se trouve, bien entendu, pleinement vérifiée. On en peut trouver le fondement dans la Règle des Phases, et particulièrement dans le théorème de Le Châtelier (1). Mais, sous la forme que lui a donnée Spencer, elle n'est rien de plus qu'un retour à Hume. Pris en lui-même, ce principe n'aurait jamais pu servir de fondement à la Philosophie synthétique.

(1) Un article de BANCROFT (*Journal of the American Chemical Society*, 1911, XXXIII, p. 92) contient une étude intéressante sur la vaste portée de ce principe.

CHAPITRE VII

LE PROBLÈME

La *loi de l'évolution* de Herbert Spencer échoue sans aucun doute en tant que principe complet et rigoureux, et il semble improbable qu'aucune loi de ce genre puisse être découverte pour le moment. Toutefois, nous l'avons vu, elle n'est pas complètement fausse et les faits lui apportent de sérieuses confirmations. En tant que principe général, on peut mettre en doute l'instabilité de l'homogène, et nier catégoriquement la tendance invariable à la multiformité, sous la forme que lui a donnée Spencer. Je ne suis cependant pas sûr que la difficulté soulevée par le second point ne soit pas due à des contradictions entre différentes formules qui se trouvent dans les écrits mêmes de Spencer, et peut-être ce qui, de cette idée, imprègne l'œuvre entière, est-il mieux fondé. En tout cas, on ne saurait douter qu'il ait correctement analysé beaucoup de phénomènes de la nature. La mesure dans laquelle il anticipa Darwin le prouve. Et il est certain qu'au cours de l'évolution, à beaucoup de moments, peut-être même en général, il existe une tendance marquée à la différenciation et au passage du relativement simple au complexe. Elle s'accompagne, en outre, d'une tendance uniforme à l'équilibre. En résumé, la « loi » de Spencer est une description suffisamment correcte du processus évolutif.

L'histoire de la terre met cela en pleine lumière. Suivant une théorie ancienne, souvent contestée aujourd'hui, il y eut un temps où la terre était une masse en fusion, à peu près homogène, hormis des variations continuelles dans la concentration des différents éléments qui la constituaient, ou consistant peut-être en un petit nombre de phases distinctes. Adoptons provisoirement cette théorie : nous apercevons que cette phase, ou ces phases, étaient enveloppées dans une atmosphère, à peu près homogène également, si l'on ne tient pas compte de l'influence de la pesanteur sur la concentration de chacun des constituants, qui formait par suite une phase gazeuse unique. Si la terre fut autrefois en fusion, aucune conclusion de l'histoire géologique et astronomique la plus reculée n'approche en certitude celle-ci, que la terre fut autrefois un système de deux ou trois phases. Les phases constitutives, peu nombreuses, étaient toutes, pour des phases, d'une complexité tout à fait inusitée ; d'abord par suite du grand nombre d'éléments du système, et, en second lieu, du fait de la grandeur des variations continuelles de densité et de concentration dans la totalité des phases. Ces variations avaient été produites par la gravitation.

Cet état peut être admis comme étant l'origine de l'évolution terrestre. Bien entendu, cette façon de procéder est purement arbitraire, mais toute analyse de la nature du processus évolutif doit bien commencer quelque part, et il vaut mieux qu'elle ne commence pas trop loin dans le temps et dans l'espace, mais par l'état qui peut être admis comme le plus probable.

L'argumentation en faveur de l'hypothèse que la terre s'est trouvée autrefois dans un état de fusion complète est, de plus, très forte du point de vue physico-chimique, et certainement beaucoup plus forte que celle qu'on emploie pour défendre l'une quelconque des nombreuses hypothèses cosmogoniques. La meilleure preuve en est peut-être le fait qu'aucune des théories courantes sur l'origine de la terre ne semble radicalement en contradiction avec cette conception, alors que presque toutes impliquent clairement cette étape de l'évolution terrestre (1).

Suivant toute autre supposition, il est malaisé de voir comment pourraient être expliqués les caractères les plus généraux de la croûte terrestre, ou la nature des roches ignées (2). D'autres preuves sont fournies par l'état de fusion du soleil et des étoiles, par les phénomènes volcaniques, et par un grand nombre d'autres considérations relatives à l'état actuel de l'intérieur de la terre, en particulier à sa grande densité. Enfin, il est tout à fait chimérique d'admettre que les processus qui chauffaient la terre aient été juste suffisants pour maintenir en fusion la masse tout entière, excepté une croûte très mince. Une pareille coïncidence ne saurait être admise sans l'appui d'arguments beaucoup plus convaincants que ceux qui reposent sur une théorie cosmogonique quelconque.

Pourtant, comment la différence entre les densités de la surface et de l'intérieur aurait-elle pu se produire, sans la fusion ? En vérité, aucune hypothèse relative au

---

(1) Cf. POINCARÉ, *Leçons sur les hypothèses cosmogoniques.* Paris, 1911.

(2) Cf. DALY, *Igneous Rocks*, chap. VIII. New-York, 1914.

passé inconnu ne semble mieux fondée que celle d'une terre en fusion. Elle est établie d'une façon tout aussi sûre que la plupart des théories scientifiques dont on fait constamment usage sans hésiter. Nous ne l'utilisons cependant que provisoirement, comme hypothèse.

La conclusion que, dans ces circonstances, la terre doit avoir consisté en un petit nombre de phases, repose sur l'expérience. En effet, les travaux des chimistes-physiciens prouvent d'une manière sûre que la coexistence d'un grand nombre de phases liquides, ou de plus d'une phase gazeuse, est impossible. La seule restriction que subisse cette loi se rencontre dans le cas où le mélange est incomplet. Mais bien que les dimensions de la terre restreignent beaucoup le mélange, les longues périodes nécessaires aux processus géologiques ont certainement neutralisé cette tendance dans une large mesure.

Il faut noter que la seule hypothèse courante qui refuse une époque de fusion à la terre comme telle, lui assigne comme origine une disruption d'avec le soleil en fusion. Mais les considérations ci-dessus s'appliquent également à ce soleil primitif.

Nous arrivons ainsi à une proposition précise : la terre, comme telle, ou en tant que partie du soleil, a probablement été autrefois en fusion. Dans ces circonstances, le plus commode est de la regarder comme un système unique. Ce système a consisté pendant longtemps en phases peu nombreuses, et de très grand volume. Ces phases possédaient une caractéristique singulière, car la force de la pesanteur, bien que la diffusion luttât contre elle, produisait certainement une différenciation dans les concentrations des composants sur des plans différents dans chaque phase. Les composants de ce système étaient très nombreux, étant donné qu'ils comprenaient au moins tous les éléments chimiques. Peut-être certains éléments chimiques qui se trouvent être tout à fait stables à la température du système ont-ils été aussi au nombre des composants. Je crois cependant qu'on peut regarder comme improbable l'existence de composés indissociables à de pareilles températures. Peut-être quelques-uns étaient-ils présents dans l'atmosphère. Il est clair que nous avons imaginé ainsi un état d'instabilité relative dans le relativement homogène. De fait, à tout considérer, le nombre des degrés de liberté doit avoir été d'une centaine. Cet état peut être comparé avec nos systèmes de laboratoire où le nombre des degrés de liberté s'élève rarement jusqu'à dix. L'instabilité d'un pareil état tient au fait que le nombre des composants est grand, tandis que celui des phases est petit.

C'est de cet état qu'est sortie la diversité presque infinie du monde actuel. Nous voyons autour de nous d'innombrables systèmes, non pas rigoureusement indépendants, mais qu'il vaut mieux néanmoins concevoir comme tels, et qui présentent la plus grande diversité quant à leurs phases et à leurs composants. Ce sont les strates géologiques, les rochers, les sables, le sol, les lacs et les cours d'eau, l'océan lui-même, et l'atmosphère ; c'est aussi tout organisme vivant. Nous voyons en outre des relations ordonnées entre ces systèmes.

Il est évident qu'au cours de l'évolution terrestre ont surgi des systèmes en grande abondance, qui sont d'une diversité inconcevable, dans leurs phases, leurs composants, leurs concentrations et leurs activités, et se trouvent toujours en coordination. Cela même, énoncé d'une manière abstraite, est l'essence du processus évolutif. Voilà ce qu'est l'évolution. Et nous pouvons maintenant voir que Herbert Spencer ne s'est pas beaucoup trompé à son sujet. Quelles que soient les autres particularités du processus évolutif, la stabilité relative dans la diversité relative a certainement succédé à l'instabilité relative dans l'uniformité relative. Il fallait qu'il en fût ainsi pour que quelque chose d'intéressant (si nous introduisons le sous-entendu téléologique) pût arriver. En laissant de côté toutes les théories relatives à la formation de la croûte, nous verrons bientôt que cette conclusion est établie sur la base des faits géologiques.

Toutefois, l'on voit maintenant que les lois générales de la science n'expliquent pas suffisamment l'évolution du globe. La Règle des Phases, la seconde loi de la thermodynamique, les principes de la mécanique statistique et le fait de la stabilité des équilibres dynamiques sont tous, comme les lois de la conservation et de la gravitation, des conditions du processus. Mais le processus lui-même est l'évolution de la matière et de l'énergie originelles du globe. Ce sont les propriétés de cette matière et de cette énergie qui sont la cause principale des multiples événements de l'histoire de la terre, ou du moins ce sont elles qui rendent possible cette multiplicité. On pourrait dire que les lois mentionnées plus haut organisent les événements de l'histoire, et les systèmes qui en sont les seuls acteurs. Mais ce qui permet leur *diversité*, une fois qu'ils sont ainsi organisés, c'est la nature de la matière et de l'éuergie elles-mêmes. Ou, en d'autres termes, les caractéristiques de la matière et de l'énergie conditionnent ce à quoi les lois s'appliquent. Spencer n'a pas su le comprendre, ni partant établir ses conclusions.

Peut-être risque-t-on d'exagérer l'antithèse entre les lois des phénomènes et les caractères des diverses

formes de la matière et manifestations de l'énergie.
Pourtant, il y a certainement une certaine antériorité
logique dans la loi de la conservation de l'énergie, relativement au phénomène de la charge électrique, ou
dans la loi newtonienne du carré des distances, relativement aux propriétés du cuivre. Cette différence
trouve son expression dans la tendance de beaucoup
de penseurs à regarder les lois de la conservation comme
des vérités nécessaires et *a priori*, ou à considérer la
loi de Newton comme une conséquence nécessaire des
lois de la géométrie. Un caractère analogue d'à priorité
pourrait aisément être assigné à la seconde loi de la
thermodynamique à cause de son fondement statistique, et, pour des raisons similaires, à la tendance
vers l'équilibre dynamique. Mon dessein n'est pas ici
de justifier ou de critiquer cette conception, mais d'indiquer qu'il est improbable que personne prenne une
attitude analogue quant aux caractères spécifiques
des choses. La seconde loi de la thermodynamique, sous
l'une ou l'autre de ses formes, aurait pu être formulée
par un mathématicien absolument ignorant de la façon
dont il faut concevoir l'énergie. Ce résultat ne serait
guère plus remarquable que la création de la géométrie
non euclidienne, et, en un sens, ce n'est pas une mau-
vaise manière de définir l'œuvre effectivement accomplie par Carnot, ou certains exposés particulièrement
achevés de Gibbs. Mais personne ne saurait imaginer
que le concept de charge électrique ait été établi
antérieurement à l'investigation des phénomènes
électriques. En d'autres termes, il semble absolument
impossible que la prédiction des phénomènes électriques ait pour auteur quelqu'un qui ignore tous ces
phénomènes.

Si nous admettons qu'il existe des raisons suffisantes

d'établir une distinction, pour des motifs de commodité, et sans arrière-pensée philosophique, entre les lois et les propriétés spécifiques des choses, nous pouvons maintenant faire un pas de plus. En premier lieu, nous notons que la production de la diversité serait impossible si la matière et l'énergie étaient uniformes. C'est parce qu'il existe près de cent éléments, pour la plupart capables d'entrer dans un grand nombre de réactions chimiques diverses, et parce qu'en dehors des forces mécaniques, il y a beaucoup d'autres façons pour l'énergie de se manifester, que le monde peut se diversifier. Mais cette analyse n'est rien moins que suffisante. En effet, nous pouvons en second lieu noter que s'il n'y avait pas, lorsque les solides se déposent en se détachant d'une masse en fusion, de tendance à la formation séparée de composés individuels, le processus de l'évolution serait à peine plus varié que la congélation d'une énorme masse d'eau. Nous pouvons ainsi apercevoir vaguement comment les propriétés générales et individuelles de la matière et de l'énergie entrent également en jeu dans la production des formes multiples de la nature.

Ainsi nous sommes enfin parvenus au véritable problème de l'ordre de la nature. Admettant que l'évolution consiste dans l'évolution des systèmes, parce que les systèmes constituent le monde de la chimie physique tout entier, nous devons chercher comment les propriétés de la matière et de l'énergie rendent possible cette diversité ordonnée qui est un résultat si remarquable du processus évolutif. L'autre résultat caractéristique, la stabilité des produits de la nature, est, nous pourrons le voir plus clairement, effectué dans une large mesure par l'opération des lois naturelles. Mais il ne faut pas que nous oubliions d'envisager également un autre point. La question suivante se pose maintenant : dans quelle mesure les propriétés de la matière et de l'énergie ont-elles admis la liberté — en employant le mot dans son sens scientifique reçu — dans l'évolution des systèmes? Jusqu'à quel point, en tenant compte seulement de ces propriétés, le nombre même, la diversité et la durabilité des systèmes sont-ils possibles? Ou, enfin, quelles sont les propriétés de la matière et de l'énergie qui doivent être prises en considération, quand nous les regardons comme les matériaux de la construction des systèmes, et des ensembles de systèmes de tous genres, c'est-à-dire de *n'importe quel* genre? J'espère que, grâce à la connaissance du caractère des recherches de Willard Gibbs, cette question ne semblera pas tout à fait illusoire.

Il sera nécessaire dans cette recherche de tenir compte du nombre, de la diversité et de la durabilité des systèmes dans leur ensemble, de leurs phases, de leurs composants, de leurs concentrations, et de toutes les formes de leur activité. De plus, comme le concept d'isolement est une fiction, il faudra examiner les rapports des systèmes entre eux, et introduire ainsi les idées de plan et d'organisation. Mais il n'y aura rien d'autre à examiner. Ce sont là, en effet, les qualités primaires du monde, établies enfin par l'analyse de la science moderne, après des siècles de vaine ratiocination.

Il ne faut pas supposer que le problème de la coopération des lois de la nature se soit évanoui au cours de notre analyse, ni qu'il ait été résolu. Il demeure, vrai problème, et question ouverte. Mais je le crois moins prometteur que celui de la coopération des propriétés de la matière et de l'énergie. Tout au moins, il n'y a rien

qui nous empêche de le laisser de côté pour l'instant.
Nous sommes arrivés devant une question claire qui
permet une étude indépendante.

Presque tous les phénomènes de l'évolution terrestre
se sont produits à la surface, alors que la croûte existait. Ce fait est une conséquence nécessaire des principes de science physique que nous venons d'examiner.
En effet, l'évolution des systèmes n'a pu commencer
sur une grande échelle qu'avec l'intervention des phases
solides. Il y a eu toutefois un grand processus qui a
intéressé non seulement la croûte, mais la terre entière,
et a amené une séparation partielle des éléments chimiques sous l'action de la force de la gravitation.

Il est assez probable que cette séparation a été due
particulièrement à l'existence de deux phases liquides
seulement dans la terre en fusion : un noyau central
métallique et un résidu extérieur. Ces conditions répon-
draient à ce qui se passe dans un haut fourneau. La
structure des météorites, de plus, semble s'accorder
avec une origine comprenant deux phases, et je ne vois
pas quelle autre explication physico-chimique pourrait
être offerte (1).

Que ce soit cette manière, ou d'une autre, les éléments
légers sont venus à la surface en quantités relativement importantes. De plus, la différenciation en phases
qui avait toujours existé depuis le moment où la terre était
devenue, d'une façon ou d'une autre, un vaste et dense
agrégat, impliquait l'existence d'une atmosphère. Dans
cette atmosphère étaient présentes de grandes quantités de certains éléments, tous relativement légers aussi,

---

(1) Ces considérations m'ont été suggérées par le professeur
T. W. Richards. Je ne sache pas qu'une autre hypothèse physiquement et chimiquement intelligible ait été présentée jusqu'à
présent

qui pouvaient exister, à l'état libre ou en combinaison, comme gaz stables dans les conditions alors existantes.

Aussi est-il arrivé que quelques éléments, en général de poids atomique peu élevé, ont seuls joué un rôle important dans les processus évolutifs. Tels sont l'hydrogène, le carbone, l'azote, l'oxygène, le sodium, le magnésium, l'aluminium, la silice, le chlore, le calcium et le fer. Nous pouvons tout de suite remarquer que les éléments de poids atomique peu élevé possèdent en général une activité chimique spécialement intense et variée. De cette façon, les tout premiers stades de la différenciation ont amené un accroissement des possibilités de changements chimiques au cours du processus évolutif. Il ne faut cependant pas supposer que des éléments aient été ainsi exclus de la croûte. L'effet de ces processus a seulement été de modifier la répartition des éléments comme je l'ai indiqué, et de créer dans la lithosphère un extérieur relativement léger et un intérieur relativement dense.

L'atmosphère a persisté tandis que la formation de la croûte terrestre était en train, et ensuite, jusqu'à maintenant. Elle a en même temps subi de grands changements dans sa composition, en sorte que son histoire primitive est peu connue. Mais les plus légers des éléments importants : hydrogène, carbone, azote et oxygène, n'ont jamais manqué, aux époques récentes, dans sa composition. Depuis une longue période, certainement depuis un stade ancien de l'évolution organique, ces éléments ont existé sous la forme de combinaisons chimiques, sinon dans les proportions actuelles de leur présence dans l'air : eau, anhydride carbonique, azote et oxygène. Depuis une époque plus reculée encore, ont été présents au moins l'eau, l'anhydride carbonique et l'azote.

Tandis que le refroidissement de la terre avançait, une température fut finalement atteinte, à laquelle l'eau de l'atmosphère commença de se condenser. Avant ce moment, la différenciation des systèmes de la surface de la terre s'était constamment poursuivie. Les roches ignées s'étaient formées. Elles avaient probablement été arrachées, bouleversées dans leur structure et diversement séparées par des mouvements volcaniques et d'autres grands changements. Mais ces processus ne sont rien à côté de ceux qui devaient suivre. En effet, l'eau est l'agent le plus puissant et le plus universel du modelage de la surface de la terre. Le cycle météorologique fut le résultat de la précipitation de l'eau, et a persisté jusqu'à présent, probablement sans interruption.

On peut maintenant écarter sans peine toute objection que peut soulever le précédent exposé provisoire des processus géologiques très anciens. Il est en effet possible de remonter avec certitude au moins jusqu'aux premières époques du cycle météorologique. A ce moment, la croûte de la terre, quelque différenciée en systèmes qu'elle fût, en comparaison d'une sphère en fusion, était encore presque entièrement homogène, ou du moins inorganisée, si on l'oppose à son état actuel. En effet, tout broiement en fines particules, tous les phénomènes organiques, sont d'une époque plus tardive, et il n'y avait pas alors de relations ordonnées et complexes entre les divers systèmes. Depuis ce stade, non moins que depuis le système simple hypothétique, existant antérieurement, le processus de l'évolution des systèmes s'est poursuivi constamment de la manière générale indiquée plus haut, ou, en d'autres termes, plus ou moins suivant les exigences de la « loi » de Spencer.

Au cours du cycle météorologique, les mouvements

de l'eau se sont canalisés. Les cours d'eau, les lacs et l'océan, ont pris une forme relativement précise, l'eau a commencé de pénétrer dans les débris résultant de sa propre action, et de celle de l'acide carbonique en dissolution, de les mettre en mouvement et de former ainsi des dépôts en certains endroits. Certains de ces dépôts sont devenus des strates; d'autres, avec l'aide d'autres interventions, sont devenus terre et sol. Et enfin, presque tout ce qui frappe le regard, sauf la vie et les produits de la vie, a reçu sa forme sous l'action de l'eau et de l'acide carbonique.

Le seul autre grand événement de l'histoire de la terre — mais nous n'en connaissons rien — est le commencement du processus de l'évolution organique. Mais, si les processus météorologiques ont multiplié mille fois l'évolution des systèmes, l'évolution organique a encore multiplié ceux-ci dans la même proportion. Les éléments qui entrent principalement en jeu ici sont encore l'hydrogène, le carbone, l'azote et l'oxygène.

Ainsi ce que nous savons avec certitude de l'histoire de la terre nous permet de voir que les facteurs principaux sont un petit nombre d'éléments, et en particulier les quatre éléments organiques. Parmi ceux-ci, l'azote joue un rôle plutôt secondaire, surtout dans le règne minéral, tandis que l'hydrogène, le carbone et l'oxygène, surtout en tant que constituants de l'eau et de l'anhydride carbonique, sont presque partout d'égale importance.

Cette conclusion permet un nouveau progrès de l'analyse, et une formulation définitive du problème. Nous avons noté pas à pas, que le concept abstrait de système dû à Gibbs, est un moyen de caractériser d'une façon exhaustive le monde qu'envisage la chimie physique; que les systèmes sont formés de phases et de

composants ; que ceux-ci se caractérisent par les concentrations des composants dans les phases, et par les
manifestations diverses de l'activité énergétique ; et
que, dans certains cas, il convient de tenir compte du
volume et de la configuration. Nous avons vu aussi
que le processus de l'évolution terrestre apparaît,
lorsqu'on l'examine à la lumière de ce concept, comme
une production continuelle de nombreux systèmes
liés mutuellement avec ordre, à partir de quelques systèmes originels, et que ces systèmes sont non seulement
très nombreux, mais aussi très divers et souvent très
stables. De plus, nous avons vu qu'il existe des raisons
de croire que les conditions les plus importantes qui
rendent possible ce processus évolutif sont les caractères
spécifiques de la matière et de l'énergie, dans leur coopération relative à ce processus, plutôt que les lois les
plus générales de la science physique. Et enfin nous
avons découvert que les éléments qui, par la combinaison de leurs propriétés et activités caractéristiques,
rendent possible, plus que les autres, la plupart des résultats du processus évolutif sont au nombre de trois seulement : hydrogène, carbone et oxygène.

Maintenant nous pouvons demander quelle est la
relation des propriétés et activités de l'hydrogène, du
carbone et de l'oxygène, comme causes, avec la formation de systèmes nombreux, divers et stables, comme
effets ? Comment se fait-il que, par suite des particularités de ces trois éléments, il y ait tant de degrés de
liberté disponibles dans le processus évolutif ? C'est
la question qui sera examinée dans les pages suivantes.
Je l'ai déjà étudiée d'une manière moins systématique
dans la *Conformité du Milieu* (the Fitness of the Environment). J'espère maintenant simplifier et généraliser cette analyse.

CHAPITRE VIII

LES TROIS ÉLÉMENTS

LES COMPOSANTS

Entre tous les éléments chimiques, l'hydrogène, le carbone et l'oxygène possèdent le plus grand nombre de composés, et entrent dans le plus de réactions diverses. Les composés connus du carbone, qui contiennent fort souvent ces trois éléments, se comptent par dizaines de milliers, et les composés possibles du carbone sont presque innombrables. Les composés de la chimie inorganique contiennent aussi, dans un très grand nombre de cas, de l'oxygène ou de l'hydrogène. Ainsi ce sont ces éléments qui offrent de beaucoup le plus grand nombre de composants pour la constitution des systèmes.

Cette faculté extraordinaire dont jouissent les trois éléments de se combiner avec d'autres, mais spécialement entre eux, tient, il va sans dire, à leur nature même, à ces caractéristiques qui leur sont propres et les distinguent de tous autres éléments. Ces propriétés, en outre, produisent dans leurs composés des ca-

ractéristiques qui les distinguent des composés d'autres
éléments. Ainsi les composés de l'oxygène sont d'ordinaire très réactifs, les composés du carbone et de
l'hydrogène, si l'on tient compte des dimensions de
la molécule, sont très stables. Mais un grand nombre
d'autres éléments présentent, d'une façon moins marquée, des phénomènes analogues, et la propriété chimique la plus frappante des trois éléments est, en conséquence, la variété de leurs combinaisons.

La condition nécessaire du nombre et de la diversité
des composés du carbone est la faculté que possède un
seul atome de carbone de se combiner avec plusieurs
atomes, en fait avec quatre, et ainsi, selon la théorie
atomique, de rendre possible la formation de chaînes,
de chaînes bifurquées et de chaînes fermées, d'atomes
dans la molécule. Mais ce fait de la quadrivalence du
carbone n'est pas absolument unique ; il n'est pas évident non plus que la faculté de se combiner avec quatre
atomes soit nécessairement meilleure que celle de se
combiner avec cinq. Ce qui est remarquable, c'est la
propriété que possèdent les chaînes, ouvertes ou fermées, d'atomes de carbone de rester liées, surtout quand
l'hydrogène est l'autre élément principal de la structure moléculaire. L'histoire de la chimie indique que
c'est là un phénomène unique, car il n'a point de parallèle dans nos connaissances.

Les composés de l'hydrogène et du carbone, sans
autre élément, nommés par suite hydrocarbures, existent en abondance tout à fait extraordinaire. L'un de
ces composés possède probablement une chaîne droite
de soixante atomes de carbone, et il n'y a aucune raison
de supposer que les chimistes aient approché de la lon-
gueur limite de ces chaînes. En outre, ces chaînes peuvent bifurquer apparemment presque en chaque point,

elles peuvent être associées en un grand nombre de systèmes fermés, et les chaînes fermées ou non, de toutes sortes, peuvent se combiner en une seule molécule. Enfin, plus d'une valence de chacun des atomes de carbone peut, semble-t-il, entrer en jeu dans l'union de deux de ces atomes. Un seul exemple d'assemblage moléculaire exprimé suivant les théories courantes pourra servir à éclairer ces considérations.

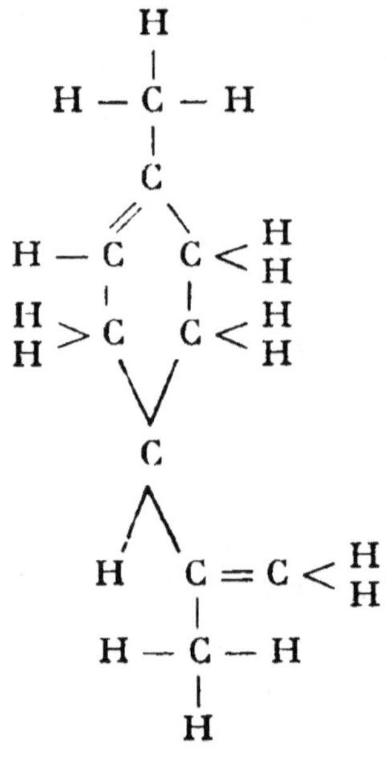

$$
\begin{array}{c}
\text{H} \\
| \\
\text{H} - \text{C} - \text{H} \\
| \\
\text{C} \\
\end{array}
$$

Il n'est, cependant, guère possible de donner brièvement un tableau exact du nombre et de la diversité de ces substances. On en connaît des centaines, et la possibilité de l'existence de milliers et de milliers est pleinement établie.

Quand l'oxygène s'introduit dans ces assemblages, le nombre, et plus encore la variété des composés, se trouvent de nouveau multipliés. Les divers types de

l'union de l'oxygène avec les hydrocarbures produisent
les alcools, les aldéhydes et cétones, les acides, éthers,
esters, et beaucoup d'autres classes de corps. Ainsi,
parmi les millions de composés possibles qui sont formés exclusivement des trois éléments : hydrogène,
carbone et oxygène, il y a beaucoup d'espèces différentes de substances qui possèdent une grande diversité de propriétés physiques et chimiques. De nouvelles
combinaisons avec d'autres éléments, en particulier
avec l'azote, qui est toujours présent dans l'air, com-
pliquent encore les choses, si bien qu'il est absolument
impossible de dresser un tableau succinct de tous les
composés de la chimie organique (1).

Afin d'apprécier l'importance de ce sujet, il est nécessaire de tenir compte de deux faits. En premier
lieu, les éléments de poids atomique minime possèdent
une individualité chimique particulièrement marquée,
de telle sorte qu'il y a des raisons de croire qu'il n'existe
pas d'autres éléments ressemblant beaucoup à l'hydrogène, au carbone et à l'oxygène par cette propriété
chimique spécifique ou par aucune autre. En second
lieu, on ne saurait douter que le carbone et l'hydrogène
s'unissent d'une manière toute spéciale, et produisent
par suite des agrégats stables d'atomes. On peut le
voir dans un fait important, qui a été inexplicablement négligé : la substitution d'un radical hydrocarburé à l'hydrogène, dans une molécule, comme la substitution d'un radical hydrocarburé à un autre, a peu
d'effet sur les propriétés du composé. Mais la substitution de n'importe quoi d'autre à l'un de ces radicaux
produit un changement complet des propriétés physiques

(1) Cf. *The Fitness of the Environment*, pp. 196-209. — Toutes les
références suivantes de ce chapitre renvoient à cet ouvrage.

et chimiques. Ce fait peut être mis en lumière par ce qu'on nomme les constantes d'ionisation de certains acides organiques, qui servent à mesurer leur acidité.

SUBSTANCE	FORMULE	CONSTANTE D'IONISATION
Acide acétique	$CH^3.\ COOH.$	0,000018
Acide propionique	$CH^3.\ CH^2.\ COOH.$	0,000014
Acide butyrique	$CH^3.\ CH^2.\ CH^2.\ COOH.$	0,000016
Acide glycollique	$CH^2.\ OH^2.\ COOH.$	0,00015
Acide chloracétique	$CH^2.\ Cl.\ COOH.$	0,0015
Acide dichloracétique	$CHCl^2.\ COOH.$	0,05
Acide trichloracétique	$CCl^3.\ COOH.$	1,2
Glycocolle	$CH^2.\ NH^2.\ COOH.$	0,0000000018
Acide oxalique	$COOH.\ COOH.$	0,1

En outre, le système de classification de la chimie organique lui-même repose sur le rapprochement de tous les composés qui ne diffèrent que par les radicaux hydrocarburés (c'est-à-dire ceux qui sont constitués exclusivement par les éléments hydrogène et carbone) et la séparation de tous les composés qui diffèrent dans leur structure d'une autre manière quelconque. Ainsi, par exemple, l'acide acétique $CH^3.\ COOH$ et l'acide stéarique, $CH^3.\ CH^2.\ CH^2.\ CH^2.\ CH^2.\ CH^2.\ CH^2.$ $CH^2.\ CH^2.\ CH^2.\ CH^2.\ CH^2.\ CH^2.\ CH^2.\ CH^2.\ CH^2.$ $CH^2.\ COOH$. appartiennent à la même série homologue de composés, tandis que l'alcool, $CH^3.\ CH^2.$ OH, appartient à une autre série. Cette méthode de classification est l'une des plus heureuses et des plus parfaites qui existent, car, bien que fondée sur la théorie, elle s'ajuste en très large mesure aux faits : elle rapproche les corps qui ont des propriétés chimiques similaires, et sépare ceux qui diffèrent chimiquement. Mais ce fait ne peut être dû qu'à quelque chose d'extrêmement proche de l'équivalence chimique entre l'hydrogène et les divers radicaux hydrocarburés. Cela est particulièrement vrai des radicaux paraffinés, moins des autres. Néanmoins, hormis l'influence de la grandeur de la molécule, le toluène composé $C^6 H^5 . CH^3$. ressemble plus au méthane CH^4 . que l'alcool méthylique $CH^3 . OH$. Cette circonstance trouve son expression dans le fait que les composés tels que les hydrocarbures de paraffine

$$H - \overset{\displaystyle H}{\underset{\displaystyle H}{\overset{|}{\underset{|}{C}}}} - H \qquad H - \overset{\displaystyle CH^3}{\underset{\displaystyle H}{\overset{|}{\underset{|}{C}}}} - H \qquad H - \overset{\displaystyle CH^3}{\underset{\displaystyle CH^3}{\overset{|}{\underset{|}{C}}}} - H$$

$$H - \overset{\displaystyle CH^3}{\underset{\displaystyle CH^3}{\overset{|}{\underset{|}{C}}}} - CH^3 \qquad H^3C - \overset{\displaystyle CH^3}{\underset{\displaystyle CH^3}{\overset{|}{\underset{|}{C}}}} - CH^3$$

ont des propriétés presque identiques, hormis l'effet de la grandeur de la molécule, tandis qu'aucun des dérivés oxygénés du méthane,

$$H - \overset{\displaystyle H}{\underset{\displaystyle H}{\overset{|}{\underset{|}{C}}}} - H \qquad H - \overset{\displaystyle H}{\underset{\displaystyle H}{\overset{|}{\underset{|}{C}}}} - OH \qquad H - \overset{\displaystyle H}{\underset{\displaystyle OH}{\overset{|}{\underset{|}{C}}}} - OH$$

$$H - \overset{\displaystyle OH}{\underset{\displaystyle OH}{\overset{|}{\underset{|}{C}}}} - OH \qquad HO - \overset{\displaystyle OH}{\underset{\displaystyle OH}{\overset{|}{\underset{|}{C}}}} - OH$$

ne ressemble à un autre à aucun point de vue, bien que leur formation n'implique pas un plus grand changement proportionnel. On n'a pas coutume de présenter les faits de la chimie organique de cette manière, mais cette science tout entière montre qu'il y a une étroite ressemblance entre l'hydrogène et les radicaux hydro-carburés quand ils sont les uns et les autres unis à des atomes de carbone.

Il n'y a par suite aucune raison de mettre en doute le témoignage de toute l'expérience chimique, qui porte que la chimie organique est un domaine à part, et que les autres éléments ne peuvent entrer dans un pareil nombre de combinaisons diverses (1).

Dans la formation des substances organiques dont ils sont composés, les plantes et les animaux révèlent des propriétés chimiques du caractère le plus admirable, qu'il nous est actuellement absolument impossible d'imiter ou même d'expliquer. Pourtant, hormis un fait singulier, on pourrait à peine concevoir comment la vie, avec toute son activité et toute sa complexité, a pu s'établir parfaitement dans le mécanisme chimique. Ce fait est la relation chimique simple entre les éléments primaires du milieu, eau et acide carbonique, et les hydrates de carbone. C'est un truisme que, pour que l'eau et l'acide carbonique donnent quelque chose en tant que matériaux de la synthèse organique, il faut que l'oxygène se sépare en partie de l'hydrogène et du carbone. Quand cette condition est réalisée, il en résulte des substances qui sont en rapport étroit avec les hydrates de carbone, et qui dans certains cas forment spontanément des monosaccharides. Les hydrates de carbone, qui constituent ainsi un passage naturel entre l'inorganique et l'organique, sont à beaucoup d'égards du plus haut intérêt. Non seulement ils comprennent une grande diversité de substances, très différentes

(1) *Op. cit.*, pp. 191-221.

par leurs propriétés, telles que le glucose, le sucre de canne, l'amidon, la saccharose, la cellulose, etc., mais, comme l'ont montré les recherches de Lobry de Bruyn, de Nef et d'autres, leur réactivité chimique est absolument sans égale. Ainsi, par exemple, une solution de glucose faiblement alcaline, telle qu'il en peut exister dans l'eau de mer, contiendra probablement tôt ou tard, si on l'abandonne à elle-même, plus de deux cents substances différentes, toutes chimiquement actives, appartenant à un grand nombre de classes différentes de composés, et pouvant, en beaucoup de cas, entrer en réaction avec un grand nombre d'autres corps. De cette manière le cours de l'évolution inorganique a fourni des substances qui sont directement disponibles comme matériaux pour la production de beaucoup des substances organiques infiniment diverses. Dans ces circonstances, il n'est pas surprenant que les hydrates de carbone soient en fait les produits primaires de la culture et de la synthèse végétale en général (1).

L'une des réactions les plus communes des substances organiques est l'hydrolyse, transformation chimique dans laquelle l'eau, naturellement associée à tous les produits organiques, entre en jeu. Ce processus possède certaines particularités intéressantes pour notre étude. L'hydrolyse se présente sans transformations d'énergie appréciables, et, en conséquence, c'est d'ordinaire un processus paisible, qui va sans complication de réactions secondaires jusqu'à un état d'équilibre. Il est par suite facile de la diriger et de l'arrêter en diverses étapes terminales, ou de la renverser. De cette manière, dans les conditions naturelles, sont rendus possibles

______

(1) *Op. cit.*, pp. 222-232.

un grand nombre de changements chimiques, qui peuvent être parfaitement réglés, et opérés avec la plus grande économie. C'est assurément en partie pour ces raisons que les réactions de l'hydrolyse sont parmi les plus communs des processus bio-chimiques (1).

Si l'on tient compte de tous ces faits, l'on peut voir maintenant que les éléments constitutifs de l'eau et de l'anhydride carbonique sont les meilleures sources des composants des systèmes, que le passage est direct des composés simples de l'atmosphère aux corps organiques complexes, et que les conditions naturelles facilitent la transformation des produits organiques, souvent sans déchet appréciable de matière ou d'énergie, d'un très grand nombre de façons diverses.

Ce n'est là, cependant, qu'une partie de la question, car l'activité chimique de l'hydrogène et de l'oxygène n'est pas moins manifeste dans les composés de la chimie inorganique, c'est-à-dire, dans leurs réactions avec tous les autres éléments. Un grand nombre de composés inorganiques contiennent un de ces éléments, ou tous les deux; ils sont présents dans la grande majorité des composés inorganiques les plus communs et les plus importants ; et ils se manifestent spécialement dans les réactifs les plus actifs et les plus importants. Ainsi, il est évident que ces trois éléments, hydrogène, carbone et oxygène, possèdent tous une activité chimique spéciale, et que leur présence simultanée est essentielle à la production du plus grand nombre possible de substances chimiques différentes comme composants de systèmes (2).

Également important au cours de l'évolution a été

(1) *Op. cit.*, pp. 232-237.
(2) *Op. cit.*, pp. 237-243.

le rôle de l'eau et de l'acide carbonique, dans la mobilisation de tous les éléments de la croûte terrestre. Depuis le commencement du cycle météorologique, ce processus s'est poursuivi. Il a eu, pour beaucoup de raisons, de grandes conséquences. En premier lieu, l'eau est le meilleur de tous les solvants (1). En second lieu, l'acide carbonique, à cause de son degré précis de solubilité, accompagne partout l'eau et renforce son action jusqu'à ce que, par suite de son degré précis de force en tant qu'acide, une petite quantité de matière basique dissoute neutralise efficacement l'acide, sans toutefois se combiner chimiquement avec plus d'une partie de cet acide. Pour cette raison, l'anhydride carbonique ne peut être complètement enfermé dans une combinaison chimique, de même qu'il ne peut être extrait par des moyens physiques de l'air ou de l'eau (2).

La circulation de l'eau, qui est la condition nécessaire de cette action, doit sa rapidité, sinon son existence même, au fait que la tension superficielle de l'eau varie beaucoup, plus même que celle d'aucune autre substance, avec la température (3). Ainsi la précipitation de la pluie et de la rosée, et le phénomène de l'évaporation sont considérablement renforcés. On croirait, au premier abord, qu'une substance possédant des propriétés ordinaires pourrait à peine circuler à la surface de la terre comme le fait l'eau. Enfin, il faut observer que sa tension superficielle, plus grande que celle d'aucun autre liquide courant, sauf le mercure, fait que l'eau reste dans le sol, ou dans tous les endroits où sont possibles des phénomènes capillaires, et

(1) *Op. cit.*, pp. 111 et sq.
(2) Ce sujet est traité plus longuement plus loin, pp. 150, 151.
(3) *Op. cit.*, pp. 104-105.

cela prolonge ainsi l'action de l'eau en tant que solvant (1).

Ainsi tous les éléments ont été mis à nu et en mouvement par l'eau. Beaucoup d'entre eux ont été dissous et emportés vers la mer où ils restent encore dissous en quantités énormes. Chaque minéral a été désagrégé, réduit en poussière, et dispersé par les cours d'eau et les vents. Pendant des siècles innombrables, des quantités prodigieuses de tous les éléments ont été ainsi mises en mouvement sur toute la terre. Aujourd'hui on estime à environ 6.500 milles cubes le débit annuel des rivières du globe, et les matériaux dissous à près de 5 billions de tonnes, sans parler des sédiments.

Dans l'océan, en particulier, se montre le résultat de ce processus de séparation des divers éléments. On peut y trouver en solution presque la moitié des éléments, en quantités appréciables, et ils font une masse totale de près de 500 quatrillions de tonnes, dissoute dans plus de 10 quintillions de tonnes d'eau. Cette vaste accumulation tient au fait que l'eau, non seulement dissout de nombreuses substances, mais peut en contenir en solution de grandes quantités. A ce point de vue encore, aucun autre liquide ne la surpasse (2).

Par suite du phénomène de l'ionisation, toutes ces substances dissoutes entrent en réactions chimiques les unes avec les autres. La diversité des composés chimiques présents dans l'eau de mer en est fortement accrue. Sur ce point aussi, les propriétés de l'eau sont importantes, car lorsque nous considérons dans quelle proportion les substances ionisantes peuvent se dissoudre dans l'eau, et quel est leur degré d'ionisation une

(1) *Op. cit.*, pp. 126 et sq.
(2) *Op. cit.*, pp. 171 et sq.

fois qu'elles sont dissoutes, il est évident que ce processus se passe sur une échelle beaucoup plus grande dans les solutions aqueuses que dans toutes autres circonstances (1).

Si l'on tient compte de toutes les considérations précédentes, l'on voit que l'eau est plus abondamment répandue à la surface de la terre qu'aucune autre substance ne pourrait l'être, qu'elle porte partout avec elle de l'acide carbonique ; que, lorsqu'elle disparaît d'un endroit, elle est renouvelée, par suite de la rapidité de la circulation, plus rapidement que ce ne serait le cas si elle possédait d'autres propriétés, mais aussi qu'elle persiste plus longtemps en beaucoup d'endroits, par suite de sa tension superficielle élevée, et, en d'autres, à cause de ses hautes chaleurs latentes de fusion et d'évaporation, qu'aucune autre substance ne le pourrait. De plus, elle dissout et pulvérise tous les constituants de la croûte terrestre plus efficacement qu'il ne serait possible si ses propriétés et celles de l'acide carbonique étaient autres qu'elles ne sont. Elle emmagasine dans la mer les plus grandes diversité et quantité possibles de matière, les maintient d'une manière permanente à l'état de solution, et, par suite de ses propriétés électriques, réalise les conditions des réactions ioniques les plus diverses. Ainsi les propriétés de l'eau conditionnent sur toute la terre la formation d'autres composants, en dehors de ceux qui appartiennent à la chimie organique ; ces composants, extraordinairement nombreux, possèdent une extrême diversité, et existent en quantités considérables.

On peut dire, par suite, que les propriétés exceptionnelles de l'hydrogène, du carbone, de l'eau et de

____

(1) *Op. cit.*, pp. 118 et sq.

l'anhydride carbonique, sont extraordinairement favorables à l'existence de composants de systèmes en nombre, diversité et quantité les plus grands possibles.

LES PHASES

Les phases sont formées de composants. Il est par suite évident que tous les faits précédents se rapportent également aux composants et aux phases. Mais il y a plus dans la phase que les composants qui la constituent, car le concept de phase renferme celui de composant plus autre chose, de même que le concept de système implique quelque chose de plus que la somme des phases.

En premier lieu, la phase a ses caractères quantitatifs aussi bien que ses caractères qualitatifs ; en un mot, les concentrations y sont impliquées. Mais l'eau, comme nous l'avons déjà exposé, peut dissoudre une plus grande diversité de substances, en concentrations plus grandes, qu'aucun autre liquide. Par suite, les variations possibles des phases aqueuses surpassent de beaucoup celles de toute autre phase liquide. Les liquides de l'organisme témoignent de ce fait, et il est tout à fait certain que le processus de l'évolution organique serait considérablement restreint, si l'eau n'était pas là comme moyen d'incorporer les substances solides. Comme véhicule, l'eau joue naturellement le même rôle ici que dans les processus géologiques, avec le même succès, pour les mêmes raisons (1).

Un cas particulier de concentration, celui du second constituant primaire du milieu, l'acide carbonique, dans

(1) *Op. cit.*, pp. 111-118.

e premier, l'eau, a une importance spéciale. Il a déjà été mentionné, et il faut maintenant l'expliquer de façon plus détaillée. La solubilité de l'anhydride carbonique gazeux dans l'eau pure est telle qu'à une température un peu inférieure à 20° centigrades, lorsque l'équilibre s'est établi entre un mélange gazeux contenant de l'anhydride carbonique et une phase aqueuse en contact avec ce gaz, la quantité d'anhydride carbonique contenue dans un volume donné de l'eau sera précisément égale à la quantité restante dans le même volume du gaz. A la température de la glace fondante, l'eau contient près de deux fois plus d'anhydride carbonique que l'air; environ moitié moins que l'air, à 40°; et le quart au point d'ébullition. En conséquence, aux températures qui règnent nécessairement pendant l'existence d'un océan, l'anhydride carbonique libre doit toujours être assez également réparti entre l'air et les eaux du globe. L'eau ne peut jamais enlever l'acide de l'air, ni l'air le tirer de l'eau. Aucun autre gaz commun ne partage cette propriété. Ainsi, dans toute la nature, les phases aqueuses contiennent toujours de l'acide carbonique, et il en résulte que les trois éléments sont partout disponibles pour la synthèse des substances organiques. Cette propriété de l'anhydride carbonique a été l'un des facteurs les plus importants de l'évolution organique. Elle a permis aux forêts de pousser sur les montagnes, et dans le processus du métabolisme, elle a mis les animaux supérieurs en mesure de disposer de quantités d'acide carbonique qui, autrement, dépasseraient de beaucoup leurs possibilités.

Quand ce gaz se dissout dans l'eau, il forme l'acide carbonique proprement dit, $H_2 CO_3$ et ainsi une réaction acide se produit. Cette réaction acide explique dans une large mesure le pouvoir dissolvant de l'eau de pluie sur la majorité des minéraux. Mais lorsqu'une petite partie de l'acide libre s'est combinée avec la matière basique, l'acidité de la solution est réduite à une valeur insignifiante, et par suite, de grandes variations dans les proportions de l'acide et de la base ont très peu d'effet sur la réaction.

Pour comprendre ce fait, il est nécessaire de savoir que l'acidité d'une solution aqueuse est mesurée par sa concentration d'ions H. Quand cette concentration est approximativement d'un pour dix billions d'eau, la réaction est neutre. Si la concentration est plus grande, la réaction est acide; si elle est inférieure, la réaction est alcaline. Les solutions les plus faiblement acides du laboratoire possèdent des concentrations d'ions H plusieurs milliers de fois plus grandes, et les solutions les plus faiblement alcalines des concentrations proportionnellement plus petites. Mais quand une solution d'acide carbonique contient une quantité de la base équivalente à seulement 2 ou 3 p. 100 de l'acide total, sa concentration d'ions H est seulement environ 100 fois plus grande que celle qui marque le point neutre. Si l'on ajoute une base à une pareille solution, la réaction deviendra très graduellement moins acide et plus alcaline, jusqu'à ce que, lorsqu'enfin une fraction minime du pourcentage de l'acide demeure libre, l'alcalinité soit 100 fois sa valeur au point neutre. Ainsi toutes les eaux naturelles et l'organisme lui-même possèdent une réaction presque neutre qui peut à peine être troublée, sauf par l'addition de quantités énormes d'acide ou d'alcali.

La concentration de l'ion H est ainsi réglée par l'acide carbonique dans la nature entière comme elle ne pourrait l'être par une substance possédant des propriétés même légèrement différentes quant à sa solubilité ou à son acidité. Si l'on se rappelle que l'ion H et l'ion OH, dont la concentration est inversement proportionnelle à celle de l'ion H, sont les composants les plus généralement actifs des solutions aqueuses, on pourra comprendre l'importance des conditions expliquées plus haut, pour l'évolution inorganique et pour l'évolution organique (1) ; c'est en effet ainsi que la régulation effective des variables chimiques les plus importantes des solutions aqueuses est rendue possible.

Il y a un caractère des phases qui est probablement plus important que tous les autres comme moyen de production de la complexité des systèmes. C'est la pulvérisation, la dispersion en petits agrégats discontinus. Cet état existe dans le sol, et on a déjà fait observer que la tension superficielle de l'eau permet au sol de recevoir celle-ci et de la garder plus facilement qu'il ne serait possible autrement. Mais dans les systèmes typiquement colloïdaux, où la dispersion est plus complète encore, et où les particules séparées sont encore plus petites, la tension superficielle est au moins aussi importante que dans le sol. Il n'est, de plus, guère possible que la vie se manifeste ailleurs que dans les systèmes colloïdaux, parce qu'il n'y a pas d'agrégats matériels approchant ceux-ci, même de loin, en complexité. Quoi qu'il en soit, l'extraordinaire tension superficielle de l'eau est extrêmement favorable aux phénomènes colloïdaux, où qu'ils se produisent (2).

Nous avons vu maintenant que les propriétés des trois éléments, non seulement rendent possible la plus grande diversité de phases, mais aussi favorisent les

---

(1) Il faudra consulter une explication plus détaillée si l'on désire un examen complet de cette question. On pourra la trouver dans le chap. IV de *The Fitness of the Environment*.

(2) *Op. cit.*, pp. 126-130.

grandes concentrations, déterminent partout une concentration élevée de l'anhydride carbonique, règlent les concentrations des ions H et OH, et favorisent l'existence des systèmes colloïdaux. Encore une fois ces résultats tiennent à l'existence d'un assemblage extraordinaire de caractéristiques spécifiques. Si l'une de ces caractéristiques manquait, tout le processus de l'évolution serait moindre qu'il n'est, et l'évolution organique pourrait être réduite presque à rien. Il ne faut pas oublier qu'aucune objection valable contre cette conclusion ne peut être fondée sur la possibilité d'une autre espèce d'évolution organique. En effet, bien que les organismes puissent être différents de ce qu'ils sont, et ne peuvent assurément manquer de l'être, sur une autre planète, tout organisme est toujours un système, et sa complexité, comme ses autres caractéristiques, est par suite nécessairement celle d'un système.

LES ACTIVITÉS

C'est dans les systèmes que se manifestent toutes les formes de l'activité. Par suite, n'importe quelle forme d'activité peut être produite par un système approprié. En conséquence, les conditions qui rendent possible la plus grande diversité de systèmes favorisent également la plus grande diversité d'activités, physiques ou chimiques, électriques ou mécaniques. Mais, à l'activité, l'énergie est également nécessaire.

Les substances chimiques, comme telles, libèrent de l'énergie par leurs transformations chimiques. Par suite, en envisageant les éléments comme sources d'énergie, il est nécessaire en premier lieu de tenir compte des transformations d'énergie qui accompagnent leurs réactions. Toute réaction chimique implique simultanément des arrangements nouveaux de la matière et de l'énergie. C'est en tant que température de réaction que cette dernière quantité se mesure le plus commodément. Le premier fait qui se produit maintenant est que l'oxygène, entre tous les éléments, possède, en général, les températures de réaction les plus élevées ; et, comme on l'a expliqué, cet élément se combine avec une plus grande diversité de substances que tout autre. De plus, la température de réaction de l'oxygène avec l'hydrogène surpasse de beaucoup celle de toute autre oxydation, tandis que la température de l'oxydation du carbone est presque aussi considérable. Enfin, la grande diversité des réactions possibles entre tous les composés de l'hydrogène, du carbone et de l'oxygène, implique la possibilité d'une égale diversité de transformations de l'énergie. En conséquence, les trois éléments sont non moins extraordinairement favorables comme moyens de rendre l'énergie disponible, et de fournir ainsi de l'activité aux systèmes, qu'ils ne le sont à la production des systèmes qui doivent recevoir de l'activité (1).

La grande source de l'énergie sur la terre est le rayonnement solaire fourni par le cycle météorologique. Nous avons déjà vu que certaines des propriétés spécifiques de l'eau se combinent pour rendre plus actif ce phénomène, et pour en faire en conséquence une source plus riche d'énergie que cela ne serait possible autrement. En effet, ici, toutes choses égales d'ailleurs, l'énergie transformée est proportionnelle à la rapidité de la circulation. On peut aussi noter qu'une autre source d'activité, le vent, est également dans la dépendance des

(1) *Op. cit.*, pp. 243-247.

propriétés de l'eau, puisque les courants océaniques dépendent des vents. Enfin, il est à peine nécessaire de dire que les marées ne peuvent se maintenir que si l'océan persiste.

En l'état actuel de la science de la nature, il n'est pas possible d'analyser systématiquement les conditions de la production de toutes les formes diverses de l'activité. Nous devons nous contenter d'observer que l'énergie solaire est en fait transformée en une grande multiplicité de formes, physiquement par la circulation de l'eau, et chimiquement par le processus synthétique qui se produit dans la feuille. Ainsi l'activité, sur la terre, est devenue étendue, variée, et intense.

Il y a cependant deux autres cas spéciaux d'activité qui peuvent être clairement compris comme des résultats des propriétés particulières de l'eau. Quand l'eau s'évapore, la chaleur de vaporisation est rendue latente, selon l'expression de l'ancienne physique. Cette chaleur latente de vaporisation de l'eau est beaucoup plus grande qu'aucune autre chaleur latente de vaporisation. De la même manière, la chaleur latente entre en jeu dans la fusion de la glace, à un degré qui n'est pas surpassé, sauf par la chaleur latente de fusion de l'ammoniaque. Lorsque la vapeur d'eau se condense et quand l'eau se congèle, la chaleur latente est de nouveau libérée. Ainsi, deux phénomènes qui se produisent sur toute la terre sont accompagnés d'énormes transformations de l'énergie. Ces phénomènes ne sont, bien entendu, que des incidents du cycle météorologique (1).

Le second cas spécial d'activité se trouve dans le phénomène de l'ionisation. Par suite de ce phénomène,

---

(1) *Op. cit.*, pp. 92 et sq.

il se produit des charges électriques. Et comme l'ionisation est un phénomène plus important dans l'eau **que** dans les autres liquides, cette source d'activité électrique est aussi sans égale.

Ces deux phénomènes, comme la circulation de l'eau, la synthèse des hydrates de carbone dans la feuille, et la combustion de toutes les substances organiques, tiennent également à des propriétés exceptionnelles des éléments, et possèdent eux-mêmes, par suite, des propriétés exceptionnelles.

LES SYSTÈMES

La stabilité des conditions du milieu est nécessaire à la durée des systèmes. Cette stabilité est un caractère très manifeste de la surface de la terre, et n'est aucunement due d'une manière exclusive à la tendance naturelle à l'établissement et à la conservation de l'équilibre dynamique. Ici encore les propriétés des trois éléments sont de première importance.

Chimiquement, l'inertie des eaux naturelles, quand l'acide carbonique dissous est contre-balancé par les bicarbonates, constitue un facteur très important de cette stabilité. Dans un semblable fluide, en effet, presque toutes les substances peuvent entrer sans subir de modification. Aussi, en tant que milieu, l'eau est-elle neutre et inerte. Un autre facteur de stabilité se trouve dans l'état de mélange parfait de l'océan, qui résulte de nombreuses propriétés spécifiques de l'eau elle-même, telles que le coefficient d'expansion, l'évaporation excessive dans les régions tropicales et la précipitation excessive dans les régions polaires, phénomènes qui ne sont continuels qu'à cause de la cir-

culation météorologique. Les courants océaniques,
superficiels et profonds, entrent également en jeu. De
là résulte que l'océan possède une concentration,.
une composition et une alcalinité presque constantes (1).

Ces points ont déjà été traités incidemment à beaucoup d'égards ; à d'autres égards ils pourront peut-être
être suffisamment expliqués en examinant la régulation de la température sur la terre. En effet, ce processus
a une importance spéciale, et implique un grand nombre
d'autres phénomènes régulateurs. Le facteur le plus
visible, mais non le plus important, qui limite les fluctuations de la température, localement aussi bien que
généralement, sur toute la surface de la terre, est la
capacité calorifique, ou chaleur spécifique de l'eau.
Cette quantité est plus grande que pour tout autre
liquide commun, sauf l'ammoniaque. En conséquence,
quand une masse d'eau acquiert ou perd de la chaleur,
le changement de sa température est relativement très
minime. Ainsi, la température de l'océan, des lacs et
des cours d'eau se stabilise, tandis que l'organisme
vivant est mis en mesure de produire de grandes
quantités de chaleur sans élever à l'excès sa température (2). Encore plus frappant est, dans certaines circonstances, l'effet des chaleurs latentes de fusion et
de vaporisation. La chaleur latente de vaporisation
est peut-être le principal facteur de la modération de
la température estivale dans les îles et sur les côtes.
De plus, la chaleur ainsi rendue latente est derechef
libérée dans d'autres localités, plus froides en général,
quand la vapeur se liquéfie de nouveau sous forme
de pluie et de rosée. L'absorption très grande de cha-

(1) *Op. cit.*, chap. v.
(2) *Op. cit.*, pp. 80 et sq.

leur qui accompagne l'évaporation de l'eau est aussi un facteur précieux, sinon indispensable, du refroidissement des animaux et des plantes. Elle possède de plus l'avantage que le phénomène est d'autant plus rapide que la température est plus élevée. Ainsi, plus la tendance de la température à monter est grande, plus est grand l'effet de refroidissement de l'évaporation. Aucune autre substance n'approche de l'efficacité de l'eau à ces points de vue. La chaleur latente de fusion très élevée tend également à restreindre la baisse de la température dans les eaux de la terre et auprès d'elles, tandis que le point de congélation relativement élevé met en action ce phénomène à une température où l'activité chimique est encore considérable.

Les deux chaleurs latentes opèrent aussi d'une manière très active pour conserver les masses d'eau. Ainsi une énorme quantité de chaleur est nécessaire pour évaporer complètement un lac ou un étang, et une quantité moindre, mais très grande encore, doit être abandonnée avant qu'une de ces masses d'eau puisse être congelée dans toute son étendue. Certains autres facteurs sont même plus actifs encore pour empêcher la solidification complète des masses d'eau. La dilatation anormale, bien connue, de l'eau douce près de son point de congélation amène à la surface la partie la plus froide de l'eau, et empêche l'eau plus chaude, au-dessous, de perdre sa chaleur autrement que par la conduction, phénomène peu actif, ou le mélange mécanique, phénomène peu commun. La glace, une fois formée à la surface, y est maintenue par sa flottabilité, et une protection presque parfaite de l'eau liquide plus profonde se trouve ainsi établie.

Il faut observer que, si l'eau est peu conductrice de la chaleur, cette conductibilité est néanmoins plus grande que celle des substances non métalliques en général, et est un maximum pour les liquides communs. La conduction compte toujours peu comme moyen de régler la température de grandes masses de liquides, mais dans les petits agrégats, comme les cellules, où la convection est peu marquée, ce phénomène est probablement de grande importance. Dans les cellules, une autre propriété de l'eau, la très grande mobilité de ses molécules, a aussi beaucoup d'importance, bien qu'elle ait été négligée par les physiologistes.

Dans l'océan les propriétés de l'eau produisent la plus grande constance de température, de même qu'elles contribuent à la constance dans la composition et la concentration, à la présence, variée, partout utilisable, des éléments chimiques en abondance, et, avec la coopération de l'acide carbonique, à la constance dans les réactions. Plus que toute autre chose, l'océan possède les caractères des trois éléments, et révèle en conséquence leur valeur comme moyen de favoriser l'existence des systèmes.

L'océan, cependant, n'est qu'un exemple de la façon dont les divers facteurs de l'évolution, pour autant qu'ils dépendent des trois éléments, se combinent en conditions qui facilitent le processus évolutif. On peut de tous côtés voir d'autres exemples. Mais il est inutile de pousser plus avant l'étude de ce sujet, car l'exposé des faits qui importent à notre étude est maintenant terminé.

CHAPITRE IX

L'ORDRE TÉLÉOLOGIQUE

Nous pourrons maintenant mettre à profit notre examen scientifique des propriétés et des activités des trois éléments. Il a donné des résultats qui peuvent servir à répondre à la question de l'origine de l'aspect téléologique de la nature. Bien que nous soyons encore très loin d'une solution complète du problème total, nous avons trouvé ce qui pourra donner une réponse à la forme limitée de cette question qu'une analyse préliminaire nous a conduits à envisager.

On se rappellera que la question complète a été reconnue insoluble, autrement que par une description exhaustive de tous les détails du processus évolutif. Nous avons constaté que c'était une tâche impossible. De là, nous avons conclu à la nécessité de traiter le sujet d'une manière abstraite. De nouvelles considérations nous ont amenés à penser que les lois de la nature fournissent une explication imparfaite, mais du moins intelligible, de certains caractères généraux d'ordre dans les phénomènes de la nature et les produits de l'évolution. Ces principes, cependant, ne rendent pas compte de l'origine de la diversité. Il nous est apparu que la diversité devait tenir spécialement à l'existence et à l'emploi possible de matériaux de construction existant dans les conditions nécessaires de profusion, de variété et de stabilité ; à l'existence de conditions favorables à la conservation de ces constructions, enfin, à l'abondance des forces qui les forment et les font agir. Ces spécifications, comme celles de l'architecte ou de l'ingénieur, concernent plutôt les propriétés de la matière et de l'énergie, que les lois de la nature.

L'ensemble des propriétés des éléments, hydrogène, carbone et oxygène, satisfait à la plupart de ces spécifications. Elles entraînent, nous l'avons vu, la présence de l'eau et de l'anhydride carbonique dans l'atmosphère et le cycle météorologique. Ce cycle règle la température du globe plus parfaitement que ne pourraient le faire toutes autres substances faisant partie de tout autre cycle analogue. Il produit dans l'océan une température presque constante, ainsi que la constance de la composition et de l'alcalinité. Il mobilise sur toute la terre de grandes quantités de tous les éléments ; il les dépose dans l'océan, sous les formes les plus diverses, avec une inépuisable abondance ; il pulvérise et disperse toutes sortes de minéraux insolubles, et diversifie ainsi le sol ; il fait que l'eau pénètre et demeure dans presque toutes les localités ; et tous ces phénomènes sont plus parfaits ou plus étendus qu'ils ne pourraient l'être si un grand nombre des différentes propriétés de l'eau n'étaient ce qu'elles sont. Par là, les plus grandes diversité et quantité de matériaux de construction se trouvent accumulées. En même temps, les conditions favorables à la durée des constructions sont également assurées.

D'autres résultats analogues tiennent aux propriétés

chimiques de ces trois éléments. Ces propriétés entraînent une variété plus grande encore de combinaisons et de réactions chimiques, une diversité sans égale de propriétés dans leurs produits, et des transformations de l'énergie qualitativement et quantitativement importantes.

Avec toutes ces substances, inorganiques et organiques, résultant des propriétés de l'eau et de l'anhydride carbonique, l'édification d'une multiplicité presque infinie de phases et de systèmes est possible. Les phases et les systèmes naturels peuvent varier presque indéfiniment par le nombre et la diversité de leurs composants, par leur concentration et leur configuration. Ils peuvent être constitués de manière à produire les formes d'activité les plus variées. Comme leurs composants, ils peuvent manifester la plus grande diversité de propriétés, et leurs formes peuvent comprendre toutes les formes possibles de la vie et du règne minéral.

Ces choses-là et bien d'autres tiennent aux propriétés de l'hydrogène, du carbone et de l'oxygène. Elles forment, je n'en puis douter, le plus remarquable groupe de causes de l'aspect téléologique de la nature. Mais il ne faut pas oublier qu'elles ne font que coopérer au processus de l'évolution, et que beaucoup d'autres causes sont nécessaires pour que ce processus donne ses effets. Les lois de la nature ne sont pas seules en jeu, mais aussi les caractéristiques du système solaire, les caractéristiques singulières de la terre, et spécialement la naissance mystérieuse de la vie. Sans cet événement, le processus de l'évolution serait certainement resté beaucoup plus simple. Mais, plus manifestement que les autres facteurs du processus évolutif, ces propriétés fondamentales de la matière permettent, en un sens scientifique très rigoureux, la liberté du développement. Cette liberté n'est, pour parler au figuré, que la liberté du tâtonnement et de l'erreur. Elle rend possible l'apparition d'une grande multiplicité d'essais, parmi lesquels bon nombre d'essais réussis. Il est à peine besoin de dire que nous n'arrivons au concept de cette sorte de liberté qu'en négligeant les causes qui déterminent les essais, c'est-à-dire, en ce cas, les lois générales ainsi que les particularités spéciales de notre globe. Mais cela équivaut à remarquer que nous sommes en train d'étudier un aspect particulier d'un problème complexe. En somme nous suivons la méthode invariable de la science.

Il faut que nous examinions maintenant la nature des propriétés des trois éléments qui coopèrent ainsi à l'avènement de ces conditions. Toutes les propriétés, à l'exception de quelques-unes qui ne peuvent pour l'instant être reconnues comme liées aux caractères généraux des systèmes, sont en jeu ici. Chacune de ces propriétés est presque, ou tout à fait, sans équivalent, soit parce qu'elle a une valeur maxima ou minima, ou à peu près, parmi toutes les substances connues, soit parce qu'elle comporte une relation sans équivalent, ou une anomalie. Aucun autre élément ou groupe d'éléments ne possède des propriétés susceptibles, d'être, à aucun égard, comparées à celles-ci. Tous présentent de nombreuses lacunes, qualitatives ou quantitatives. De plus, comme cette analyse tout entière est fondée sur les caractères des systèmes, et par conséquent sur des concepts qui selon Gibbs sont indépendants des propriétés des éléments et ne spécifient rien à leur sujet, il est inutile d'examiner la possibilité de l'existence d'autres groupes de propriétés qui peuvent être, par ailleurs, sans équivalent.

Nous arrivons ainsi à la conclusion que les propriétés

de l'hydrogène, du carbone et de l'oxygène constituent un ensemble exceptionnel de propriétés, dont chacune est elle-même exceptionnelle. Cet ensemble de propriétés est de la plus haute importance dans le processus évolutif, car c'est lui qui rend la diversité possible. Il fournit pour cela les matériaux, et dans une large mesure la stabilité nécessaire des conditions. Nous avons déjà vu que la diversité, comme le déclarait Spencer, est radicalement nécessaire à l'évolution.

Nous pouvons donc conclure qu'un ordre ou un arrangement se révèle ici dans les propriétés des éléments. Cet ordre nouveau est, pour ainsi dire, caché, quand on considère d'une façon abstraite et statique les propriétés de la matière, car il n'est reconnaissable et intelligible que par ses effets. Il devient évident seulement quand on fait entrer le temps en considération. Il a une valeur dynamique, et est lié à l'évolution. Il est associé avec le système périodique des éléments un peu de la même façon que l'ordre fonctionnel est lié à l'ordre structural en biologie. Aussi n'est-il pas indépendant de l'autre ordre, mais on peut dire qu'il se trouve dissimulé en lui.

Il n'y a rien d'extraordinaire à ce que la considération des phénomènes dans le temps conduise à des points de vue nouveaux. Depuis le plan incliné et le pendule de Galilée jusqu'à l'époque de Darwin et de la chimie physique moderne, le progrès de la dynamique a constamment modifié notre conception de la nature. En vérité, on aurait presque pu dire *a priori* que l'étude des propriétés de la matière relativement à l'évolution révélerait nécessairement un ordre nouveau.

L'ensemble exceptionnel des propriétés de l'eau, de l'acide carbonique et des trois éléments constitue, parmi les propriétés de la matière, l'ensemble de caractères le plus approprié à un mécanisme durable. Nul autre milieu, c'est-à-dire nul milieu autre que la surface d'une planète sur laquelle l'eau et l'acide carbonique sont les composants fondamentaux, ne favorise, ni ne pourrait favoriser, autant la durabilité et l'activité les plus grandes dans la plus grande multiplicité de systèmes matériels, dans des systèmes différant par leurs phases, leurs composants et leurs concentrations. Ce milieu est vraiment *le plus approprié*. Il a droit à l'emploi du superlatif fondé sur la mesure quantitative et l'étude exhaustive, qui manque absolument dans le cas de la conformité de l'organisme au milieu. Car l'organisme, nous l'espérons de toutes nos forces, devient sans cesse plus apte, et la survivance des plus aptes est la loi de l'évolution.

Mais c'est seulement pour le mécanisme en général, non pour une forme spéciale du mécanisme (que ce soit la vie telle que nous la connaissons, ou la machine à vapeur), que ce milieu est le plus approprié. L'océan, par exemple, est approprié au mécanisme en général ; il convient, si vous voulez, au poisson et au plankton, mais non à l'homme ou au papillon. Mais, bien entendu, comme chacun le sait depuis 1859, c'est en réalité le poisson et le plankton qui sont appropriés à l'océan. Et cela amène une conclusion biologique.

Étant donné que la vie se manifeste nécessairement dans et par le mécanisme, étant donné que, se trouvant dans ce monde, elle habite nécessairement un système physico-chimique, plus ou moins durable, plus ou moins actif, plus ou moins complexe dans ses phases, ses composants et ses concentrations, elle est conditionnée. L'inorganique, tel qu'il est, impose certaines conditions à l'organique. Par suite, nous pouvons dire que les caractères spéciaux de l'inorganique sont les mieux appropriés aux caractères généraux de l'organique que les caractères généraux de l'inorganique imposent à l'organique. C'est l'une des deux faces de la conformité biologique réciproque. On peut formuler d'une manière analogue l'autre face : par l'adaptation, les caractères spéciaux de l'organique en viennent à se conformer aux caractères spéciaux d'un milieu particulier, à se conformer, non à une planète quelconque, mais à un petit coin de la terre.

C'est là une description fort imparfaite de l'ordre dynamique qui règne dans les propriétés des éléments, car elle ne comprend que trois substances sur plus de quatre-vingts. Aussi sérieuse est peut-être la difficulté de réduire cet énoncé à une forme méthodique. Nous ferons donc bien d'accepter les faits sans chercher à les décrire.

Mais nous ne pouvons pas encore écarter l'ensemble des caractères de l'hydrogène, du carbone et de l'oxygène. Il nous faut d'abord noter que la connexion des propriétés de ces éléments ne doit pas être négligée par la raison qu'elle est affaire de « jugement réfléchissant ». En effet, nous l'avons vu, cette considération conduirait aussi à rejeter la connexion de propriétés appelée système périodique. Nous ne pouvons non plus considérer l'une ou l'autre de ces singularités de la matière qui constitue l'univers comme étant en un sens quelconque l'œuvre du hasard, ou comme une simple contingence.

« Il n'y a, en vérité, pas une chance sur des millions de millions pour que les nombreuses propriétés exceptionnelles du carbone, de l'hydrogène et de l'oxygène, et en particulier de leurs composés stables, l'eau et l'acide carbonique, qui constituent principalement l'atmosphère d'une planète nouvelle, se rencontrent simultanément dans ces trois éléments autrement que par l'opération d'une loi naturelle qui les relie d'une manière ou de l'autre. Il n'est pas plus probable que ces propriétés exceptionnelles soient, en l'absence d'une cause convenable (c'est-à-dire appropriée), favorables à un degré exceptionnel au mécanisme organique. Ce ne sont pas là de purs accidents. Il y a une explication à chercher. Il faut reconnaître, cependant, que nous n'en possédons aucune (1). »

On admet en général que la coïncidence même des propriétés s'offre maintenant à l'investigation scientifique. La connexion réciproque de beaucoup de propriétés particulières a été, en fait, reconnue dans le système des éléments tout entier, et la classification périodique elle-même est fondée sur des relations de ce genre. Les investigations récentes tendent à élargir nos connaissances sur ce point, et à montrer que beaucoup de ces relations possèdent un caractère vraiment quantitatif, ainsi qu'une explication intelligible (2). Il est aussi bien clair que les éléments de poids atomique faible, outre leur tendance à se concentrer à la surface de la terre et dans l'atmosphère, possèdent certains autres caractères qui tiennent à la faiblesse même du poids atomique. Parmi ceux-ci le plus remarquable est une chaleur spécifique élevée.

« Quoi qu'il en soit, la science chimique est encore bien loin d'expliquer l'apparition simultanée des divers caractères de l'eau, surtout si nous y comprenons des choses telles que la chaleur de formation, le pouvoir dissolvant, le phénomène de la séparation hydrolytique, le degré de solubilité de l'anhydride carbonique,

____

(1) *The Fitness of the Environment*, p. 276.
(2) Richards, *Journal of the American Chemical Society*, t. XXXVI, 1914, p. 2417.

la dilatation anormale dans le refroidissement près du point de congélation, etc.

« Il y a, en fait, bien peu de raisons d'espérer qu'une explication unique de ces coïncidences puisse être fournie par les hypothèses et les lois courantes. Mais si nous ajoutons à la coïncidence des propriétés spécifiques de l'eau celle des propriétés chimiques des trois éléments, il en résulte un problème certainement insoluble pour la science d'aujourd'hui. Si ces propriétés doivent être jamais comprises dans leur ensemble, ce sera dans l'avenir, lorsque nos recherches auront pénétré bien plus profondément dans l'énigme des propriétés de la matière. Une explication en rapport avec les lois connues est néanmoins concevable, et à la lumière de l'expérience, il serait insensé de la regarder comme impossible ou même comme improbable (1). »

Une telle explication, une fois trouvée, serait peu utile, parce qu'il reste un nouveau problème, beaucoup plus difficile. Comment s'est-il fait que toutes ces nombreuses propriétés exceptionnelles soient favorables à la production des systèmes et partant au processus de l'évolution ? Nos connaissances actuelles ne fournissent aucun indice pour répondre à cette question, car il semble qu'il n'y ait ici aucune possibilité d'interaction comme celle qui est en jeu dans la production de l'équilibre dynamique ou de la sélection naturelle. Toutefois, la connexion qui existe entre ces propriétés des éléments, presque infiniment improbable en tant que résultat de la contingence, peut seulement être regardée comme un préparatif du processus évolutif, et n'est pleinement intelligible qu'ainsi, même si elle s'explique par le mécanisme. J'entends par là qu'elle

(1) *The Fitness of the Environment*, pp. 277-278.

ressemble à l'adaptation. Autrement, toute l'analyse scientifique qui précède est nécessairement vide de signification réelle. Cet ensemble conditionne la production de systèmes nombreux à partir de systèmes peu nombreux. Toute autre répartition sensiblement différente des propriétés entre les éléments, encore que ces répartitions concevables soient en nombre presque infini, restreindrait fortement les possibilités de multiplication des systèmes. En d'autres termes, on peut négliger la possibilité que des conditions également favorables à la production de la diversité au cours de l'évolution se produisent sans une cause appropriée. Mais nous ne connaissons l'existence d'aucune cause, excepté, bien entendu, l'organisme vivant, qui puisse ainsi produire des résultats pleinement intelligibles seulement par leur rapport avec des événements ultérieurs. Nous ne saurions toutefois, à moins d'abandonner le principe de probabilité, base de toute induction scientifique, aucunement nier cette connexion, qui a le caractère d'une adaptation, entre les propriétés de la matière et la diversité de l'évolution (1). La connexion est en effet pleinement évidente, et nous arrivons à cette conclusion par une démonstration scientifique.

Ce résultat est si important que je vais essayer de formuler le raisonnement sous sa forme la plus simple. Le processus de l'évolution consiste dans l'accroissement de la diversité des systèmes et de leurs activités, dans la multiplication des phénomènes physiques, ou

---

(1) On pourrait, pour la forme, calculer la probabilité du fait que cette répartition particulière des propriétés se rencontre entre les éléments, et la probabilité du fait qu'une semblable répartition favorise la diversité dans le processus évolutif. Dans l'état actuel de la science, un pareil calcul ne saurait cependant avoir aucun intérêt. Mais l'ordre de grandeur de cette probabilité n'est pas douteux.

en bref, dans la production de beaucoup avec peu. Toutes choses égales d'ailleurs, il existe une « liberté » maxima pour cette évolution, à cause d'un certain arrangement exceptionnel de propriétés de la matière elles-mêmes exceptionnelles. Les chances pour que cet ensemble exceptionnel de propriétés se réalise par « accident » sont presque infiniment petites (c'est-à-dire moindres que toute probabilité dont il est possible de tenir compte pratiquement). Les chances pour que chacune des propriétés individuelles de l'ensemble, en elle-même et en coopération avec les autres, confère « accidentellement » un accroissement maximum à cette liberté, sont également presque infiniment petites. Il y a donc une relation causale convenable entre les propriétés des éléments et la « liberté » de l'évolution. C'est ainsi du moins que raisonne toujours l'esprit humain en présence d'un groupe de faits très improbables en tant que faits fortuits *et en même temps* liés entre eux d'une façon spéciale. Mais les propriétés des éléments universels sont logiquement antérieures aux aspects restreints de l'évolution qui rentrent dans le champ de nos investigations présentes, et qui nous occupent en ce moment. Aussi sommes-nous obligés de regarder cette combinaison de propriétés comme étant, en un certain sens intelligible, un préparatif (1) des processus de l'évolution planétaire. Nous ne pouvons point, en effet, imaginer entre les propriétés de l'hydrogène, du carbone et de l'oxygène, et tel processus de l'évolution planétaire, ou tel autre processus analogue, une interaction par laquelle les propriétés des éléments, tels qu'ils se rencontrent dans l'univers

____

(1) Je ne saurais en quels autres termes dire qu'elles précèdent inexplicablement ce avec quoi elles sont, sans conteste, en rapport.

tout entier, aient été modifiées. Il faut par suite considérer pour l'instant les propriétés des éléments comme possédant un caractère téléologique.

On objectera peut-être à ce raisonnement que la cause des propriétés particulières des trois éléments peut être conçue comme étant une cause simple, telle que les propriétés de l'électron. Cela est parfaitement vrai mais n'a rien à voir avec la question. En effet, que l'origine en soit simple ou complexe, la connexion téléologique (la relation logique entre les propriétés des trois éléments et les caractères des systèmes) est complexe. Cette connexion complexe est presque infiniment improbable en tant que phénomène fortuit. Mais les propriétés des électrons ne produisent pas plus de pareilles connexions logiques qu'elles ne produisent les connexions logiques de la table de multiplication, car, comme les propriétés des électrons, ces relations sont des caractéristiques invariables du monde.

Tel est le seul résultat scientifique positif que je puisse apporter à la solution du problème téléologique. Il ne faut pas oublier qu'il ne concerne qu'une seule face de l'aspect téléologique de la nature. La question de l'interaction des lois de la nature reste où nous l'avons trouvée. Nous ne touchons même pas aux avantages accidentels que notre terre possède en comparaison d'autres planètes du système solaire, ou des planètes telles qu'on peut les concevoir abstraitement. Pourtant certaines des conditions extrêmement remarquables qui amènent la diversification de l'évolution y sont impliquées. Nous avons, d'ailleurs, examiné certaines des caractéristiques générales de toutes les planètes, telles qu'elles tendent à apparaître, grâce à l'influence des propriétés de la matière. Si l'analyse, une fois parvenue en ce point, n'a pas été poussée plus loin, c'est que nous pouvons voir la possibilité d'une diversité presque infinie dans les propriétés des masses astronomiques recouvertes d'une croûte, tandis que l'univers semble posséder un système unique et exceptionnel d'éléments chimiques.

Le résultat de notre analyse n'est rien d'autre, en conséquence, qu'un exemple, un spécimen d'analyse scientifique de l'ordre de la nature. Du fait qu'elle est scientifique, elle possède deux caractères importants à noter. En premier lieu, elle n'apporte aucun changement à l'enchaînement de la détermination mécanique. Nous n'avons à tenir absolument aucun compte de pareilles relations logiques entre les choses, de même que nous pouvons négliger complètement les relations logiques du système périodique, quand nous étudions n'importe quels phénomènes ou groupes de phénomènes de la nature. En second lieu, comme toutes les conclusions scientifiques, celle-ci repose sur le principe de probabilité (1).

La valeur scientifique de cette induction affirmant l'existence de l'ordre dynamique dans les propriétés des éléments tient nécessairement aux secours qu'elle fournit pour comprendre la possibilité de la diversité et de la stabilité dans les produits de l'évolution. Mais cette conclusion présente un autre aspect philosophique qui ne saurait être entièrement négligé.

En aboutissant à cette conclusion scientifique, nous

---

(1) Cf. la quatrième règle du raisonnement philosophique suivant Newton, dans laquelle est clairement indiqué l'élément de probabilité que comporte toute induction: « Les propositions de la philosophie expérimentale obtenue par une induction large doivent être tenues pour exactes, ou tout au moins comme tout près de la vérité, jusqu'à ce que les phénomènes ou les expériences montrent qu'elles peuvent être corrigées, ou bien qu'elles sont susceptibles d'exceptions. » *Principia*, Glasgow, 1871, p. 389.

sommes arrivés à un point de vue d'où une particularité isolée de l'aspect téléologique de la nature peut être aperçue et scrutée de près. Il est maintenant évident que la diversité du monde tient dans une large mesure à un groupe clairement définissable de caractéristiques des éléments.

Pour ne faire que suivre la marche de tous les phénomènes naturels, tels qu'ils se sont effectivement produits, il est tout à fait inutile de comprendre, ou de prendre en considération, les relations particulières que nous avons découvertes entre les propriétés de trois éléments et les caractéristiques des systèmes. Mais d'ailleurs, si nous voulons seulement décrire les phénomènes tels qu'ils se produisent, il n'est pas même nécessaire de tenir compte de la loi de la gravitation. Lorsque, cependant, l'on aborde sérieusement la tâche plus intéressante qui consiste à expliquer, ou, si ce terme est inacceptable, à généraliser, la description, il devient nécessaire d'employer les lois qui dépendent de nos perceptions ou de nos jugements relatifs aux rapports existant entre les choses. Le développement de la science moderne nous a fourni un nombre considérable de ces lois, dont les plus remarquables, en dehors de la loi de Newton, sont la loi de la conservation de la masse, la loi de la conservation de l'énergie, et la loi de la dégradation de l'énergie. Ces lois nous permettent d'imaginer les conditions dans lesquelles on peut supposer que se produisent tous les phénomènes, de classer ainsi des événements séparés par de grands intervalles de temps et d'espace, et de nous rapprocher peu à peu d'une conception du monde dans laquelle la diversité infinie des phénomènes fait place à un très grand nombre de classes de phénomènes. La loi de Newton, et certaines autres, ont rendu des services inestimables dans l'éta-

blissement d'une semblable classification ; il n'en est pas de même des lois les plus générales, comme celles de la conservation, et la seconde loi de la thermodynamique. Celles-ci sont trop générales pour avoir toujours une valeur en vue de ce but, parce qu'elles sont des conditions de tous les phénomènes. Elles ont, par suite, souvent été peu utiles à cet égard, sauf par leur influence qui tend à rendre la pensée scientifique plus rigoureuse et plus pleinement analytique.

Une autre fonction des lois scientifiques a été d'amener les sciences séparées à se synthétiser en un certain nombre de systèmes de pensée autonomes. Les sciences sont ainsi devenues des corps de connaissances hautement organisés qui parfois présentent absolument les caractères mathématiques de l'exhaustivité, de la rigueur, de l'élégance dans la solution des problèmes, et peuvent dans certains cas s'enorgueillir de prédictions réalisées de faits inconnus. C'est le rôle qui convient le mieux aux lois les plus générales. Même en petit nombre, elles suffisent souvent au développement systématique de vastes parties de la science, et permettent de déduire beaucoup de principes secondaires et un grand nombre de faits. Les *Principia* de Newton sont l'exemple classique de ce fait, mais on admet maintenant en général que les lois de la thermodynamique surpassent, à ce point de vue, même les postulats fondamentaux de l'analyse mathématique de Newton.

Il s'est trouvé nécessaire, au cours de ces développements, d'employer d'autres concepts que des lois. En effet, les phénomènes de la nature ne sont jamais simples, et ils sont rarement assez proches de la simplicité pour servir d'expériences cruciales. Le cas du système solaire, tel que l'a reconnu et employé Newton, est le seul grand exemple d'expérience naturelle suffisamment isolée.

Mais, même dans un laboratoire moderne, l'homme de science doit toujours se contenter d'une élimination imparfaite des éléments perturbateurs. Par suite de cette difficulté, les idées purement abstraites de masse, de système, et beaucoup d'autres, ont trouvé place dans la pensée scientifique. Ainsi toute pensée scientifique abstraite en est venue à se mouvoir dans un monde idéal, qui ne correspond jamais rigoureusement avec la réalité, mais que l'on peut rapprocher de la réalité dans les limites voulues. Telles sont les fonctions les plus importantes des principes et concepts abstraits de la science, pour ce qui nous intéresse en ce moment.

On a démontré plus haut comment le concept de système peut être employé dans la description méthodique des caractères généraux de l'évolution terrestre. On a indiqué là que la seule tentative sérieuse qui ait été faite pour donner une description complète de ce processus, celle de la *Philosophie synthétique* de Spencer, est conduite d'un bout à l'autre par une anticipation vague et inexacte du concept nécessaire. De plus, nous pouvons maintenant voir que la reconnaissance des particularités de l'hydrogène, du carbone et de l'oxygène est un nouveau moyen en vue de l'explication de ce processus. En effet, ces particularités doivent être regardées comme des conditions importantes de chaque étape, en sorte que sans elles les caractères les plus généraux de la nature n'auraient jamais pu se manifester. Cette généralisation est donc un instrument typique de la pensée scientifique, par cela qu'elle facilite les discriminations et les descriptions abstraites, et contribue à rendre possible une conception généralisée du processus dans son ensemble.

Il serait tout à fait inopportun de nous occuper de ces principes bien connus de la philosophie de la science, n'étaient les implications téléologiques de notre conclusion, à savoir que les particularités des éléments semblent être des caractéristiques originales de l'univers, ou sinon, qu'elles semblent du moins se manifester invariablement et universellement quand les conditions rendent possible la stabilité des atomes, et qu'elles possèdent une disposition complexe, dont la parfaite intégrité est essentielle pour un haut degré de diversité dans l'évolution. Rien n'est plus certain que le fait que les propriétés de l'hydrogène, du carbone et de l'oxygène sont invariables dans toute l'étendue de l'espace et du temps. Il est concevable que les atomes puissent être formés et ensuite périr. Mais, tant qu'ils existent, ils sont uniformes, ou du moins ils possèdent une uniformité statistique parfaite, qui amène la constance absolue de tous leurs caractères sensibles, c'est-à-dire de toutes les propriétés qui nous intéressent. Cependant, cette particularité originale des choses est la cause principale de la diversité sur le théâtre des processus de l'évolution qu'embrasse complètement la science de la nature.

On objectera peut-être qu'au sens scientifique strict, cela n'est nullement une relation de cause à effet. Ce qui nous intéresse, c'est un nombre indéfini de chaînes de causalité dans chacune desquelles l'état antécédent est en tout point la cause de l'état conséquent, c'est-à-dire ce qui détermine celui-ci d'une manière définie. Comme la loi de Newton, ou tout autre principe de la science, grand ou petit, les particularités des trois éléments ne sont cause de rien. Elles sont simplement les conditions dans lesquelles les phénomènes se manifestent. Et le monde est maintenant ce qu'il est parce qu'il était autre chose un moment auparavant. On ne peut faire aucune objection à cette thèse, considérée comme un moyen commode de concevoir le monde. Mais si l'on suppose qu'on nous invite par là à clore brusquement notre enquête, il faut répondre que nous devrons alors exclure de notre philosophie toutes les lois de la nature.

Nous pouvons par suite revenir à la conclusion que la principale particularité de l'univers qui rend possible la diversité de l'évolution est originelle et antérieure à toutes les manifestations des processus qu'elle conditionne. Et nous pouvons rappeler que cette particularité consiste en un groupe de caractères tels qu'ils ne sauraient être regardés comme simplement contingents. Enfin, on se souviendra que *la relation de ce groupe de propriétés avec les caractères des systèmes est également telle qu'elle ne saurait être purement contingente.* Je crois que ces formules sont des faits scientifiques. S'il en est ainsi nous avons trouvé la solution d'un cas spécial du problème aristotélicien du « caractère de la nature matérielle dont les résultats nécessaires ont été employés par la nature rationnelle en vue d'une cause finale ».

On élèvera, bien entendu, immédiatement des objections contre les termes de *nature rationnelle* et de *cause finale.* J'ai peu de chose à répondre en dehors de ce qui a été développé dans l'introduction historique de cet essai. Elle a été écrite dans l'intention de découvrir, si possible, en quel sens de pareils termes peuvent être admis dans la pensée de notre temps. En premier lieu, je crois que le terme *nature rationnelle*, du ${\rm IV}^{\rm e}$ siècle avant J.-C., peut être traduit par le terme moderne : *lois de la nature.* En effet ces lois sont exclusivement rationnelles. Elles sont le produit de la raison humaine, et la science ne les conçoit point comme existant objectivement dans la nature. Cela est évidemment vrai de la *relation* entre les propriétés des éléments et les caractères des systèmes. En second lieu, nous l'avons vu plus haut, tous les phénomènes sont des phénomènes de systèmes. Aussi les opérations d'une cause finale, s'il en existe, ne peuvent se produire que par l'évolution des systèmes. Aussi la plus grande liberté possible pour l'évolution des systèmes implique-t-elle la plus grande liberté possible pour les opérations d'une cause finale.

La formule ci-dessus peut maintenant être modifiée de la manière suivante : nous possédons une solution pour un cas particulier du problème des caractères de la nature matérielle dont les résultats nécessaires ont été fournis par les lois de la nature en vue de toute cause finale hypothétique. Ainsi le problème entier de la valeur téléologique de notre recherche scientifique se ramène à la question simple, mais infiniment difficile, de savoir si nous devons postuler une cause finale.

Ici nous nous trouvons de nouveau en face du fait qu'aucune cause mécanique des propriétés des éléments n'est concevable, en dehors d'un processus antécédent. Mais, puisque les éléments sont uniformes dans toute l'étendue de l'espace, il est impossible qu'il y ait eu à proprement parler de la contingence dans l'opération de cette cause. La contingence n'a pu, tout au plus, produire qu'une répartition irrégulière des différents éléments en différentes parties de l'univers. En outre, suivant la conception scientifique orthodoxe, il n'y a point place pour la contingence dans ces recherches. Par suite, les propriétés des éléments doivent être regardées comme pleinement déterminées dès la plus ancienne époque concevable, et comme parfaitement invariables dans le temps. Nous pouvons admettre cela comme postulat (1). De même les caractères abstraits des systèmes doivent être également regardés comme pleinement déterminés et comme absolument invariables dans le temps. C'est un second postulat.

Enfin, la relation entre les nombreuses propriétés de l'hydrogène, du carbone et de l'oxygène, isolées et en coopération (relativement à la même relation entre les propriétés de tous les autres éléments) et les conditions nécessaires de l'existence des systèmes quant à leur nombre, à leur diversité et durabilité, telles que les définit l'analyse rigoureuse de Willard Gibbs, n'est pas purement contingente. En d'autres termes, la probabilité statistique que cette connexion ait une cause appropriée (c'est-à-dire appropriée au processus évolutif) est plus grande que la probabilité statistique que nous pouvons raisonnablement exiger, ou généralement réaliser, dans l'établissement des principes et des faits de la science.

On peut rappeler que nous envisageons ici trois éléments sur plus de quatre-vingts, et plus de vingt de leurs propriétés. Il faut aussi observer qu'il ne s'agit pas seulement de la probabilité de la coïncidence des propriétés exceptionnelles dans les trois éléments, mais spécialement de la *relation* de ces propriétés regardées

(1) Sur ce point, nous possédons les preuves expérimentales fournies par l'analyse astronomique du spectre, et il semble qu'il n'y ait pas moyen d'éviter la conclusion que l'hydrogène et les autres éléments dont nous découvrons ainsi le spectre possèdent les mêmes propriétés dans l'univers tout entier. Elles se montrent indépendantes de l'âge et de la température de l'astre dans lequel elles se trouvent. On sait aussi que le fer météorique a le même poids atomique et en général les mêmes propriétés que le fer terrestre. Cf., pour une sérieuse étude de ces questions: RICHARDS, Conférence Faraday, *Journal of the Chemical Society*, Londres,. t. XCIX, p. 1201, 1911.

comme un ensemble avec les propriétés des systèmes. Le caractère exceptionnel des propriétés est important parce qu'il prouve pleinement leur *conformité* exceptionnelle avec les systèmes. S'il apparaissait que ces propriétés résultent d'une seule cause simple, la question se changerait en celle-ci : quelle probabilité y a-t-il que cet ensemble de conformités exceptionnelles pour un processus subséquent résulte d'une seule cause? Mais, suivant Gibbs, les conditions appropriées de ce processus sont indépendantes des propriétés des éléments et de leurs composés. Ce problème est donc mathématiquement identique à la forme précédente de la question.

Il est donc impossible de concevoir une cause mécanique des propriétés des éléments qui dépende mécaniquement des caractères des systèmes. Il est en effet impossible de concevoir une cause *mécanique* quelconque de ces conditions originelles, quelles qu'elles soient, qui déterminent d'une manière définie les propriétés invariables des éléments ainsi que les caractères généraux des systèmes. Nous sommes par conséquent conduits à supposer que les propriétés des trois éléments sont d'une manière ou de l'autre un préparatif du processus évolutif. C'est vraiment la seule explication de cette connexion qui soit actuellement imaginable. Nous avons en effet reconnu un arrangement dans les propriétés des éléments, et en tant qu'arrangement, il ne peut être décrit que relativement à la diversité de l'évolution.

Une pareille hypothèse devra être jugée sur ses mérites. Si l'on admet les faits scientifiques, elle possède, autant que je puisse voir, deux défauts. En premier lieu, le terme de préparatif est scientifiquement inintelligible. En second lieu, cette hypothèse n'est pas seulement nouvelle, elle diffère par sa nature même de toutes les hypothèses scientifiques admises (1). En effet, aucune autre hypothèse scientifique n'implique de préparatif, en dehors de celles qui ont leur origine dans l'organisme. En un mot, nous sommes en face du problème du dessein.

Touchant les aspects philosophiques de cette question je n'ai rien de nouveau à dire. Il me semble clairement établi dans l'histoire de la pensée que, lorsque ce problème surgit, il n'y a de salut que dans la retraite et dans l'emploi du terme le plus vague qu'il soit possible d'imaginer, d'où toute implication de dessein ou d'intention a été complètement éliminée. On en est venu d'un commun accord à admettre le terme de *téléologie*. Ainsi nous disons que l'adaptation est téléologique, mais nous ne disons pas qu'elle résulte d'un dessein ou d'une intention. Je modifierai en conséquence la formule ci-dessus et affirmerai que la connexion entre les propriétés des trois éléments et le processus évolutif est téléologique et non mécanique.

Mais on demandera si cette nouvelle formule a un sens intelligible. Je répondrai affirmativement. En effet, l'organisation biologique est téléologique et non mécanique (2). Pourtant, nous l'avons vu, le concept

---

(1) En dehors des conjectures sur l'origine de la vie, en tant qu'elles impliquent l'origine de l'organisation.

(2) On peut rappeler que l'organisation consiste en une relation téléologique et non mécanique entre des choses et des processus mécaniques. Dans les deux cas la relation est rationnelle et non mécanique, les choses en relation sont mécaniques et non rationnelles. Ou, en d'autres termes, la relation est affaire de « jugement réfléchissant », les choses en relation sont affaire de « jugement déterminant ». C'est l'inintelligence de cette distinction qui fait le fond de la plupart des controverses touchant la téléologie biologique. On peut la rendre plus facile à comprendre en notant que la classification périodique implique aussi une relation rationnelle et non mécanique. Il ne faut pas presser à l'excès cette

d'organisation est maintenant d'un emploi général dans la science. Comment jugerait-on alors étrange de trouver dans le monde inorganique quelque chose d'un peu analogue à ce que l'on reconnaît clairement dans le monde organique ? En effet, aucune idée n'est plus ancienne ni plus commune que la conjecture qui fait de la nature elle-même comme un grand organisme imparfait. Rien dans cette idée ne la recommande à la science de la nature. Mais il se peut fort bien qu'elle ait une base dans des réalités indéfinies, vaguement perçues.

Nous aboutissons ainsi à la conclusion qu'à un certain point de vue, fort important, l'aspect téléologique de la nature tient à une relation incontestable entre certains caractères originels de l'univers, relation qui doit être qualifiée de téléologique, parce qu'elle est *uniquement* une relation, et en aucun sens une connexion mécanique, parce qu'elle n'est pas modifiée par le processus évolutif et reste invariable dans le temps. La raison pour laquelle on doit la qualifier de téléologique est qu'il n'y a pas d'autre mot (1). Elle est téléologique comme le système périodique est périodique. En d'autres termes, l'aspect d'unités harmonieuses offert par la nature, auquel aucun homme ne peut échapper, tient à une unité harmonieuse véritable dont on peut

analyse. Il suffirait, pour expliquer le système périodique, de démontrer la relation des propriétés périodiques avec les propriétés des électrons, mais cette démonstration serait insuffisante pour notre dessein actuel, parce qu'elle n'expliquerait pas la relation entre les propriétés des éléments et les besoins indépendants des systèmes. Cette *connexion* est le facteur téléologique du problème actuel, et c'est une propriété originelle et invariable de l'univers.

(1) *Harmonieuse* et *organique* semblent un peu impropres, mais il faut se souvenir qu'il n'est pas question de dessein et d'intention.

prouver l'existence parmi certains caractères abstraits, invariables, de l'univers. Comme qualification de ces caractères abstraits, la contingence, seul concept opposé à l'unité harmonieuse de la nature, ne trouve point de place.

Ainsi, enfin, avec l'aide de l'analyse scientifique, nous arrivons au résultat que nous avions déclaré nécessaire pour croire à la téléologie (1). En effet, la téléologie de la nature est reconnue grâce à une connexion, concevable seulement comme téléologique, entre les lois de la nature, c'est-à-dire entre les caractères abstraits et généraux de la nature, que l'on peut définir rigoureusement.

Il ne faut pas oublier que là ne se trouve en jeu qu'un cas unique de connexion téléologique entre des caractères abstraits de la nature. Bien que nous puissions distinguer vaguement d'autres aspects téléologiques des lois de la nature, par exemple dans la tendance à l'équilibre dynamique, il semble qu'il n'y ait à présent aucune possibilité d'étudier le problème d'une façon plus générale. Aussi ne sommes-nous pas en état de juger dans quelle mesure ils peuvent être tous reliés ensemble. Mais ce simple résultat suffit à renforcer considérablement une conclusion philosophique à laquelle sont arrivés beaucoup d'esprits réfléchis grâce aux expériences les plus diverses.

Charles Darwin a énoncé comme suit son opinion personnelle : « Une autre source de la conviction de l'existence de Dieu, relative à la raison, non aux sentiments, me frappe comme beaucoup plus importante. Elle dérive de l'extrême difficulté, ou plutôt de l'impossibilité, de concevoir cet immense et merveilleux uni-

____

(1) *Supra*, p. 104.

vers, y compris l'homme, avec sa faculté de porter sa vue loin en arrière et loin dans l'avenir, comme le résultat d'un hasard ou d'une nécessité aveugle. Quand je me livre à ces réflexions, je me sens contraint de me tourner vers une Cause première possédant un esprit intelligent, dans une certaine mesure analogue à celui de l'homme ; et je mérite le nom de théiste. Cette conclusion me préoccupait beaucoup, autant que je puis me souvenir, à l'époque où j'écrivais l'*Origine des espèces*, et c'est depuis cette époque qu'elle s'est affaiblie, très graduellement, avec beaucoup de fluctuations. Mais alors surgit ce doute : l'esprit de l'homme, qui est sorti, je le crois fermement, d'un esprit aussi humble que celui que possèdent les plus humbles animaux, peut-il être cru, quand il forme des conclusions aussi générales?

« Je n'ai pas la prétention de jeter la moindre lumière sur des problèmes aussi abstrus. Le mystère des commencements de toutes choses est insoluble pour nous ; et je dois pour ma part me contenter de rester un agnostique (1). »

L'étude non méthodique que Darwin fit du problème évolua évidemment d'une conception originellement théologique à un théisme vague, et de celui-ci à une négation timide de la possibilité de trouver une explication intelligible de la téléologie de la nature. Il ne put admettre de dessein ou d'intention, mais il ne put échapper à la téléologie de la nature elle-même. De notre temps, des milliers d'esprits réfléchis sont passés par les mêmes phases spéculatives. Mais cette thèse est identique à celle que Hume établit systématiquement

____

(1) *Life and Letters of Charles Darwin*, Londres, 1888, t. I, pp. 312-313.

et qui fut acceptée par une longue lignée d'autres philosophes. Comme Cournot l'aperçut, l'énigme irritante, éternelle et inexplicable, n'est pas l'existence de l'univers, mais celle de la nature.

L'histoire tout entière de la pensée ne fait que prouver la justesse de cette conclusion. Nous pouvons mettre progressivement au jour l'ordre de la nature et le définir avec l'aide des sciences exactes. Nous pouvons ainsi le reconnaître pour ce qu'il est, et maintenant enfin, nous voyons clairement qu'il est téléologique. Mais nous ne trouverons jamais l'explication de l'énigme, car elle concerne l'origine des choses. Sur ce sujet, les idées claires et la rigueur du raisonnement ne sont plus possibles, car la pensée a atteint l'une de ses frontières naturelles. Il reste seulement à admettre que l'énigme nous dépasse, et à conclure que le contraste du mécanisme avec la téléologie est le fondement même de l'ordre de la nature (1), qu'il faut toujours envisager de deux points de vue complémentaires, comme un vaste assemblage de systèmes variables, et comme une unité harmonieuse de lois et de qualités invariables travaillant ensemble dans le processus de l'évolution.

Cette conclusion repose sur une analyse qui peut maintenant être récapitulée sous sa forme la plus sommaire.

Premièrement, les caractéristiques des systèmes — (phases, composants, activités, etc.) — sont des conditions universelles de tous les phénomènes, hormis les phénomènes infra-moléculaires. Elles ne dépendent pas des particularités des nombreuses variétés de la matière, et elles sont invariables.

Deuxièmement, les propriétés de la matière sont répar-

---

(1) *Supra*, p. 101.

ties entre les éléments de telle sorte que trois d'entre eux possèdent un ensemble exceptionnel de caractéristiques exceptionnelles, maxima, minima, et autres propriétés singulières. Mais cet agencement des propriétés de la matière est également une condition universelle des phénomènes. Il semble que les caractéristiques des systèmes le laissent absolument sans changement, puisque, comme ces caractéristiques, il est invariable.

Par suite, nous ne pouvons concevoir ces deux qualités abstraites de l'univers comme dépendant l'une de l'autre en aucun sens physique. Conçues par Gibbs comme originellement indépendantes, elles restent également sans changement dans le temps. Il est par conséquent impossible aujourd'hui d'imaginer qu'il y ait, au sens mathématique, une relation fonctionnelle entre elles. Mais les propriétés des trois éléments amènent la liberté maxima du processus évolutif à tous les points de vue concevables dans la science physique. En tant qu'il s'agit des propriétés connues de la matière, considérées quantitativement et qualitativement, toute autre répartition sensiblement différente des propriétés entre les éléments entraînerait de grandes restrictions. Ainsi se trouvent effectivement établies (relativement à d'autres arrangements imaginables des propriétés de la matière) les conditions favorables à l'existence du nombre, de la diversité, et de la durée les plus grands possibles de systèmes, de phases, de composants et d'activités. Il arrive ainsi qu'à tous les points de vue physiques, le processus de l'évolution est libre de produire le plus plutôt que le moins.

Cette conclusion n'implique aucun jugement de valeur, car toute la discussion dépend simplement de l'aptitude à distinguer des inégalités.

Il ne peut se faire que la nature de cette relation

soit, comme les adaptations organiques, conditionnée mécaniquement. En effet, les relations ne sont conditionnées mécaniquement d'une manière intéressante que lorsque s'offre l'occasion de modifications par interaction. Mais ici les choses en relation sont supposées invariables dans le temps et sont censées être, en un mot, des propriétés absolues de l'univers.

Selon la théorie des probabilités, cette connexion entre les propriétés de la matière et le processus de l'évolution ne saurait être due à la simple contingence. Aussi, puisque la relation fonctionnelle physico-chimique n'est pas en question, on doit admettre une relation fonctionnelle d'un autre genre, analogue à celle que connaît la physiologie. Cette relation fonctionnelle ne peut être appelée autrement que téléologique.

FIN

5290. – Tours, Imp. E. ARRAULT et Cie.